尺寸

千里远景，如在尺寸之间。

加法叶的博物学
Mr
Guilfoyle's
Natural
History

Mr Guilfoyle's
South Sea Islands
Adventure
on H.M.S. Challenger

岛屿
南太平洋的植物探险

[澳] 威廉·罗伯特·加法叶 著

[澳] 戴安娜·艾弗林·希尔　埃德米·海伦·加德摩尔 编

苏日娜 译　李尧 校译

中国工人出版社

威廉·罗伯特·加法叶
(1840—1912), 约 1870 年

"就收集的植物材料而言, 这次远航无疑是成功的, 但这并不是衡量这次航行价值的唯一标准。需要强调的是, 这次太平洋之旅不仅为加法叶提供了进一步了解热带园艺的绝佳机会, 更让他领略到不同民族的生活方式和需求。"

——比斯科特

书中部分内容原载于《英国及外国植物学杂志》

（伦敦，1869 年第 7 卷）

由杰出植物学家、园林设计师威廉·罗伯特·加法叶所记

位于墨尔本南片亚拉的皇家植物园享有南半球乃至全世界最美植物园的美称。如果单就美丽而言，她堪称无与伦比，值得我们漂洋过海去领略其芳容。

—— 爱德华·海姆斯，威廉·迈克奎尔蒂

《世界大植物园》，托马斯·纳尔逊出版公司，伦敦，1969 年
墨尔本皇家植物园儿童园里"神奇的布丁"雕塑，活灵活现地展现了其作者和艺术家诺曼·林赛的形象。[1] 林赛，生于1879 年，是斐济传教士、民族志学者托马斯·威廉姆斯的孙子。威廉姆斯于 1891 年在巴拉腊特去世，生前出版过专著，详细记录了南太平洋群岛的风俗、文化和传统仪式。

---

[1]　原注：建立儿童园的目的是激发儿童的兴趣，培养他们的主人翁意识，引导他们学习如何保护自然资源、爱护环境。"神奇的布丁"雕塑以《神奇的布丁》一书中的布丁和布丁主人——考拉邦伊普·布鲁根、老水手比尔·巴纳克尔、企鹅山姆·索诺夫为原型。这些布丁主人们用心保护着一个名为阿尔伯特的布丁，严防其被布丁盗贼窃取，意在警示大家，若被掠夺、被奴役，甚至被一群自以为是、善于倚仗权势、卖公营私的人争抢成为他们的"盘中餐"，将是何种滋味。如想了解林赛所著澳大利亚经典之作《神奇的布丁》(1918)，可参见科伦所著，第 65—78 页。

前　言

蒂姆·恩特威斯尔教授

维多利亚州皇家植物园园长兼总裁

墨尔本维多利亚州皇家植物园由时任副州长查尔斯·拉筹伯于1846年建立。经过半个世纪的建设，原本泥泞的沼泽地变身为举世闻名的园林奇观。1958年，伊丽莎白二世女王授予"皇家"植物园的称号。2015年，皇家植物园董事会将园名改为维多利亚皇家植物园。

1857年，费迪南德·冯·穆勒任首位园长，继任者分别为约翰·阿瑟和约翰·达拉奇。1873年，威廉·罗伯特·加法叶上任后，植物园才被建设成如今为大家熟悉的、令人叹为观止的园林景观。加法叶被誉为"园林大师"，通过对树木的悉心栽植和花坛的精心布置，他创造出诸多园区所特有的全景景观和绵延的草坪，设计上的比例感以及平衡实景（花园）与虚景（草坪）的能力罕有其匹。加法叶受到亚热带植物，如新西兰亚麻和朱蕉、棕榈树等观叶植物的启发，将之大量运用在他的代表作中。在前往墨尔本就职之前，他曾于1868年游历南太平洋群岛，并收集植物，那次旅行对他后来对植物的种类、颜色、质地和形式的选择产生了深远的影响。

通过这本书，我们可以了解那次远航，并能对加法叶——这位植物采集家、思想家和科学家有更深入的了解。本书为体验他的创作提供了绝佳的背景介绍：蕨类植物谷、假山、极具"如画美感"的遮阳亭、风之神殿（拉筹伯纪念碑）、奥内曼托湖，以及向他的作品和灵感致敬的现代作品——加法叶火山。这座壮观且具有历史意义的水池建于1876年，最初用来为植物园蓄水，在闲置了60年后，最近，它作为重要的景观开发项目——"工作湿地"的一部分得到整修。它俯瞰整座城市，引人注目的景观设计展示着低耗水植物。栈道和观景台让游客们有机会探索这些不为人知却引人入胜的景点，也可以让人们见识那位构想并创造了这些宏伟花园的伟人。

面包果，面包树（桑科植物），艺术家 D. 多

德，雕刻师 T. 普拉特滕特，约 1800 年

序

威廉·罗伯特·加法叶 1840 年生于伦敦，命中注定成了一名杰出的植物学家和园林设计师，于 1873 年至 1909 年，担任墨尔本皇家植物园园长，于 1912 年在墨尔本去世。

19 世纪 40 年代末期，他和家人移民到悉尼。威廉在协助父亲迈克尔·加法叶的过程中对园艺学和园林设计有了大概的了解，1862 年他成为位于悉尼双湾的"加法叶父子异域苗圃"的合伙人，在完善种植园以及热带植物实验园（位于新南威尔士州北部卡德根的特韦德河附近）的过程中，加法叶扮演了重要的角色。

　　威廉的父亲迈克尔曾师从伦敦皇家异域植物苗圃的创始人约瑟夫爵士，对树木、植物的发掘和商业化始终抱有浓厚的兴趣。

　　年轻时，家人期望威廉在古典文学和自然科学领域继续深造。他师从伦敦著名的林奈学会[①]的会员——牧师威廉·伍尔斯博士，在他深感兴趣的植物收集方面，又得到过两个人的帮助：澳大利亚博物馆（位于悉尼）的威廉·夏普·麦克，以及约翰·麦吉里夫雷——后者曾在1846年至1850年，陪同英国皇家海军"响尾蛇"号远征太平洋群岛和新几内亚。加法叶识别和描述新物种的热情及能力得到了费迪南德·冯·穆勒[②]的认可，穆勒爵士是维多利亚州政府植物学家，墨尔本

----

① 译者注：伦敦林奈学会（Linnean Society of London）是一个研究生物分类学的协会，出版动物学、植物学以及其他生物学期刊，同时也研究分类学。此学会建立于1788年，名称是来自生物分类系统早期建立者、瑞典博物学家卡尔·林奈，地点位于伦敦皮卡迪里（Piccadilly）。

② 译者注：费迪南德·冯·穆勒（Ferdinand von Mueller，1825—1896）爵士是德裔澳大利亚籍植物学家，对澳大利亚本土植物研究做出了巨大

皇家植物园园长，1867年他任命加法叶为伦敦林奈学会的研究员。

1868年，澳大利亚海军司令部（位于悉尼）总司令罗利·兰伯特邀请加法叶与司令部旗舰号英国皇家舰队——"挑战者"号[1]同行，前往萨摩亚群岛、汤加群岛、斐济群岛、新赫布里底群岛和新喀里多尼亚群岛，航程整整持续了四个月。[2]

"挑战者"号还肩负着另外一项使命：调查斐济传教士托马斯·贝克牧师的谋杀案，从而向那些好战，甚至有食人倾向的原住民展示英国的军事实力。

在这次航行之前，英国皇家海军舰队"库罗索亚"号蒸

贡献。他所收集的植物后发展为澳大利亚国家植物标本集。

① 译者注：以下简称"挑战者"号。

② 原注：1853年，新喀里多尼亚群岛成为法国属地。法兰西港（努美阿）建于1854年6月25日，该地区起初为罪犯流放地。

约翰·麦吉里夫雷（1821—1867）是一名苏格兰籍博物学家，
1842 年至 1867 年活跃于澳大利亚。他参加过三次皇家海军的太
平洋勘探航行，包括著名的 1846 年英国皇家舰队"响尾蛇"号
①巡航。在这次航行中，他在澳大利亚海域和新几内亚南部海岸
收集资料，并记录下自己接触到的原住民语言。

---

① 译者注：运兵船舰，曾参与鸦片战争，船长为威廉·布罗迪，是
第一次鸦片战争的英国远征舰队中的其中一艘军舰。"响尾蛇"号运
兵船是皇家海军的一艘六级驱逐舰，舰长 34.7 米，宽 9.7 米，排水量
503 吨，舰上拥有 28 门炮。1845 年降为测量船，1860 年拆除。

牧师威廉·伍尔斯博士（1814—1893）
伍尔斯博士拥有德国哥廷根大学博士学位，是伦敦林奈学会的会员。
他出版的作品包括《献给澳大利亚植物群系》（1867）和《新南威
尔士的植物》（1885）。

汽护卫舰（由海军准将威廉·怀斯曼爵士率领）在 1865 年进行过一次勘探巡航，造访上述诸岛，以期对该地区的潜在价值，以及传教士对当地传统文化习俗的影响力进行评估。威廉爵士当时邀请了多位具有不同专业和学术背景的专家同行，包括植物学家和苗圃专家约翰·古尔德·维奇（1839—1870）[1]，朱利叶斯·L.布伦奇利（文学硕士，英国皇家地理学会会员），布伦奇利曾发表过一篇题为《英国皇家海军舰队"库罗索亚"号 1865 年南太平洋巡航期间杂记》的官方报告。

为了更好地准备这场南太平洋群岛的植物发现之旅，时任悉尼皇家植物园园长查尔斯·摩尔为加法叶提供了 12 个沃

---

[1] 原注：约翰·古尔德·维奇与威廉·加法叶的背景和资历都非常相似。他们在探索可被伦敦和悉尼植物苗圃商业化栽培的植物方面兴趣相投。约翰的父亲，埃克塞特的詹姆斯·维奇，是位于切尔西国王路的皇家异国植物苗圃的合伙人。加利福尼亚州的植物猎人威廉·洛博，于 1852 年在维奇苗圃发现了巨型红杉——巨杉（Sequoiadendron giganteum），另一位植物猎人罗伯特·福琼，于 19 世纪 50 年代初将茶树（Camellia sinensis）从中国偷运出来。

在海上使用的沃德箱

"挑战者"号右舷视图，17 炮螺旋桨式小型巡防舰——尤其值得注意的是它的套管式伸缩烟筒。它配备有一台功率适中的辅助蒸汽机和双叶螺旋桨装置，船舶航行时，该装置可被关掉并提升至海面之上。1868 年，"挑战者"号每到访一座岛屿都会以包括七响礼炮在内的仪式向岛上的酋长致意。

《誓要复仇》，斐济索摩索摩人素描图，托马斯·威廉牧师绘，约 1852 年斐济人拥有很多铭记愤怒的方式，例如，有些人必须把棍子放在他经常能看到的地方，或者把被害朋友的衣服挂在床上；有些人不惜戒掉爱吃的食物甚至绝食，或放弃舞蹈；还有些人会在自家的房梁上悬挂一卷烟草，等需要烟熏某个敌对部落的人的尸体时，他才把这卷烟草拿下来；你还会见到一个男人的头发从中间剪掉一半，因为他的妻子在礁石上钓鱼时被杀，他会一直留着这个发型，直到为她报仇。
摘自《威廉的斐济手记》，1852 年 2 月

德箱[1]。航行结束后，其中 6 个沃德箱被送还给悉尼的植物园，其余的则被送往加法叶父子异域苗圃。加法叶收集的大部分植物样本后来被栽种到自家的卡金种植园中。

《岛屿：南太平洋的植物探险》中收录了加法叶的一篇文章：《南太平洋群岛的植物学之旅》，最初于 1868—1869 年发表在《悉尼邮报》上。[2] 这篇记录翔实的文章得到了加法叶的导师费迪南德·冯·穆勒的关注，穆勒将这篇文章推荐给《英国及外国植物学杂志》，得以在伦敦发表。

这篇文章记录了年轻的加法叶与当地导游一起探索岛屿、发现新奇植物的经历，包括他们所发现的、令人惊叹的火红刺桐（Erythrina）。令人着迷且壮美的金色黄檀花（Inocarpus）等。文章还记录了他发现"雄伟的"火山的重要时刻——正

---

① 译者注：沃德箱：在海洋上用于培育蕨类植物等的玻璃容器。

② 原注：第一部分和第二部分于 1868 年 12 月 19 日出版；第三部分于 1868 年 12 月 16 日出版；第四部分于 1869 年 1 月 2 日出版。

▶ 澳洲大叶榕，莫顿湾无花果树，加法叶绘，1871 年复制品，发表于 1872 年的《悉尼邮报》上。

图中这棵树据说曾经为加法叶先生所有，现存于新南威尔士州特韦德河的库德根糖业庄园。无花果科植物的寄生特性在这幅图画中得到了很好的体现。一粒种子——假设在一百年前——被吃果实的鸟带到一棵小雪松（奥地利雪松）的树杈上，这粒种子开始发芽，经过持续不断地吸收茂密丛林中浓密树冠下的潮气而逐渐扎根土壤，并且开始吸收这棵雪松的养分，直到雪松奄奄一息。事实上，迫于生存的压力，这粒种子就像一条巨蟒，不得不让自己变成一棵参天大树。生存之争在这幅图中被表现得淋漓尽致。看看那些蛇形攀爬的巨型枝条，它们把一棵树与另一棵树勾缠在一起，奋力而上，追逐阳光。

加法叶所著《澳大利亚植物学》卷首插图，1878 年

《南太平洋岛屿，棕榈树和河流》，加法叶绘，约 1868 年

是这段经历激发了他的灵感，促使他日后在墨尔本皇家植物园建造一座属于自己的火山。"最重要，且令我终生难忘的（一幕）要数塔纳岛的火山……这座神奇的火山坐落在距离我们停靠的奋进港五到六英里的地方。这座火山非常活跃，每五到十分钟就会喷发一次。"

1868 年《悉尼新闻画报》曾就 7 月 29 日发生在德乌卡的"挑战者"号与斐济群岛玛蒂亚洛博部落之间的冲突进行了报道，本书为该则报道提供了背景信息，书中的一幅插图也被该报道引用刊发，在这幅图中，四艘载有十名官员、五十五名海员和三十多名皇家海军陆战队队员的"挑战者"号探险舰艇，正在雷瓦河上进发，船上装载着一架十二磅重的阿姆斯特朗大炮，似乎在大张旗鼓地向部落原住民证明，无论是陡坡还是急流都无法阻挡这些战舰进入部落。这幅作品由该事件的亲历者加法叶提供。海军准将兰伯特对战果表示非常满意，他们和平地说服上游的部落停止对白人定居者进行攻击，并特意提到他的军官和士兵是以"愉快的方式"完成本次任务的，这次行动之精彩，足以收录进福雷斯特的《怒海英雄》系列小说中。

《岛屿：南太平洋的植物探险》的结尾中阐述了这次探险航行如何塑造了加法叶的景观设计理念，这些理念对他后期设计并建立墨尔本维多利亚州皇家植物园发挥了关键作用。加法叶对种类繁多、色彩丰富的南太平洋诸岛植被和植物的热爱与痴迷，以及他对在这次航行中发现的原始植物样本的精心保护和培育，是他留给我们的宝贵财富，他取得的成就和勇于创新的思想将继续发展和壮大。[1]

---

① 原注：《澳大拉西亚银行家杂志》，第328页。

目　录

第一章
植物与远航

1869 年，伯特霍尔德·卡尔·西曼在《英国及外国植物学杂志》上发表了威廉·加法叶的文章《南太平洋群岛的植物学之旅》。这篇文章由政府植物学家，费迪南德·冯·穆勒推荐发表。

文章详细叙述了加法叶与岛屿原住民接触的经历，以及他在植物学上的发现，其中包括他以兰伯特准将的名字命名的兰伯特木槿（*Hibiscus Lambertii*）。

参观瓦努阿图塔纳岛的活火山的经历为他设计墨尔本皇家植物园的一座奇异火山提供了灵感。

THE

JOURNAL OF BOTANY,

BRITISH AND FOREIGN.

EDITED BY

BERTHOLD SEEMANN, Ph.D., F.L.S.,

ADJUNCT OF THE IMPERIAL L. C. ACADEMY NATURÆ CURIOSORUM.

"Nunquam otiosus."

VOLUME VII.

With Plates and Woodcuts.

LONDON:

L. REEVE AND CO., 5, HENRIETTA STREET,

COVENT GARDEN.

ANDREW ELLIOT, 15, *Princes Street, Edinburgh*; J. ROTHSCHILD, *Paris*;
ALPHONS DÜRR, *Leipzig*; WESTERMANN, *New York*.

1869.

《英国及外国植物学杂志》封面，第 7 卷，1869 年

南太平洋群岛的植物学之旅

威廉·罗伯特·加法叶

[我们深深感激冯·穆勒博士的慷慨相助，为我们提供了这个有趣故事的复印本。——编者注]

一

1868 年 5 月 24 日，我们乘坐兰伯特准将掌舵的"挑战者"号离开悉尼，前往南太平洋岛国开始巡航之旅。整个旅程中，除了萨摩亚格外炎热外，大部分时候天气都平静宜人。

我们的第一站停泊在萨摩亚图图伊拉岛的美丽港

口——帕果 – 帕果港。再没有比这里更令人愉悦的地方了。这个内陆港口看起来像个湖泊，被茂密植物覆盖的崇山峻岭更为它增添了几分魅力。船只抛锚后不久，我就和准将以及几位军官（这几位军官在整个旅程中对我悉心的照顾令我终生难忘）一起上岸，由于天色已晚，我们只是穿过几片供应地①就心满意足地打道回府了，这些供应地四周围着四五英尺高的、用火山渣和各类石头砌成的高墙。和很多类似的岛屿一样，这些供应地或者果蔬园通常占地 10 英亩或 12 英亩左右，通常种植椰子树、香蕉、芭蕉、山药、芋头等可食用的经济型植物。图图伊拉岛上丰富的植被和肥沃的火山土壤令我着迷。优雅的椰子树在这里的村庄——乃至整个岛屿上——随处可见。在这些美丽的植物被发现的地方，一定住着当地的岛民。由于早就知道，我们只在这个岛上做短暂的停留，因此，第二天一大早便下了船，决意要尽可能深入地

---

① 译者注：供应地（Provision-grounds），一般指种植园主在种植园边缘划出的一片供奴隶耕种的土地，这类土地大多十分贫瘠，只适合种植土豆、红薯等满足基本生存需要的植物。

到岛屿内陆地区走一走。一位年轻的军官带着四个当地人陪我一同上岛，最开始，我们爬了一段陡峭的山路，经过艰难的攀登，穿过一丛丛番木瓜（帕帕乌果）、柠檬和芭蕉，其间偶尔能看到石栗、椰子树和一些有趣的五加科植物、雪山豆和几种山松，这些植物都生长在被腐烂的植被和大片的火山渣覆盖的土壤中。随后，我们来到了一片芋头（*Arum esculentum*）种植园，海拔约 700 英尺。在这里我们找到一棵面包树（*Artocarpus incisa*），在它茂密的枝叶下乘凉休息。在这海拔 1500 英尺的险峻山峦中，我发现了几棵品种优良的椰子树。在山谷里和低矮的山脊上，两种黄花稔格外引人注目。此外我还发现，在一些红厚壳属植物以及一些大型树木的茎叶上，生长着一种苣苔和一叶蕨属植物。偶尔可以看到木蓝属、草棉属和几种甘蔗属植物，它们大量聚集，异常茂密。我还特别注意到它们中间生长着好几种番薯属植物。在蕨类植物中，金粉草属（蕨）、肾蕨属、铁角蕨属、凤尾蕨属和罗曼蕨属大量分布在山坡上，而几类合囊蕨属和一种桫椤属则分布在潮湿的地方。

我们的下一个目的地是乌波卢的阿皮亚港口，同样隶属于萨摩亚。这里的植被与图图伊拉岛的相差无几，当地人的温和脾性，以及幽默风趣，也与图图伊拉的岛民颇为相似。尽管天气异常炎热，在阿皮亚逗留期间的游览观光却令人愉悦。在皇家领事威廉姆斯先生和几位传教士的悉心陪伴下，我进入岛内腹地，除去翻山越岭稍显艰难外，行程中没有遇到任何困难。大家不时借助纵横交错的枝蔓和倾泻而下的藤条爬上爬下，让原本艰难的登山之行变得乐趣无穷。乌波卢岛的植物比我们去过的其他岛屿都要多，据说这种兼具实用性和观赏性的面包树在当地有 16 个品种。对此我毫不怀疑，在 12 英里的路程中，我就遇到了八个不同的品种。在瀑布附近的山谷里生长着我见过的最优良的品种。它们的叶子并非锯齿状边缘，长 2 英尺，宽 18 英寸，虽然果实没有其他品种的大，但是叶片和外形无比壮观。在新赫布里底群岛的塔纳岛（我在后面会谈到）东北方向大约 5 英里处，我也发现了大量不同品种的面包树，成功采集了一些幼苗并把它们都安全带回澳大利亚。面包树的果实长 18 英寸，周长 12 英寸，而树本身的高度还不到 20 英尺。到目前为止，我见过的最大的面包树就在塔纳岛。那棵树的树干周长 7 英尺，距离地面 5 英尺，树高不低于 65 英尺。然而，塔纳人似乎并不像其他岛民一样在乎它的果实。在萨摩亚和瓦沃，面包树是当地人主要的饮食来源。新鲜的绿叶、从枝头垂下的硕大美丽的果实，以及宜人的树荫，都使面包树成为岛上最受欢迎的树木。与大多数岛屿一样，在乌波卢，也能找到塔希提栗子树（*Inocarpus edulis*）或称"南太平洋栗子树"。但是就生长数量而言，斐济堪称之最，在斐济，它们的高度可以达到 50 多英尺。树干的外观格外引人注目，表面的突起就像从四周散开的一个个小塔尖，一直从根部延伸到枝干。叶片是深绿色的，花虽然小，却馥郁芬芳。它的果实基本跟栗子一样，烤过后就是当地人的盘中美味。与面包树相似，这种树叶片纤细（通常被描述为像瀑布一样），是我见过的最好的栗子树品种。它们外表奇特却美丽，表面覆盖着三个品种的石斛兰。这些美丽的无患子属植物与中国的荔枝是近亲，它们的外观与荔枝非常相似，但是果实更大，也更美味。除了这

里，在汤加群岛和斐济群岛也有分布。萨摩亚人称这种树为
"Tava"（塔瓦），在瓦沃（汤加群岛）它被叫作 "Dava"（达
瓦），斐济方言称为 "Dauva"（道瓦）。我是在乌波卢岛的山
上第一次见到这种树的，品种优良，45 英尺的高度让它看起
来高耸入云，傲视着山谷里环绕在它周围的低矮灌木。当时
我还不知道，这种树最独特之处是它火红的、娇嫩的叶片，
在远处那些草绿色、茂盛成熟的树木的对比下，尤其是在胡
桐树（*Calophyllum*）和蒲桃树（*Eugenia Malacensis*）茂密的树
叶的映衬下，显得格外迷人。我快步下坡，心中窃喜又有了
新发现。当地向导在我身边说，"塔瓦，塔瓦"，同时把他们
的手放在嘴上，轻拍嘴唇比画着以此示意——我急切奔向的
这棵树，结的果实可以食用。蒲桃也是一种很好的水果，和
无患子（*Sapindus pinnatus*）一样，这种植物在南太平洋群岛
很常见。我在斐济群岛就见过好几个优质品种，与萨摩亚岛
上的费克卡（Fekeka）品种不同，却与汤加群岛瓦沃的费格卡
（Fegéka）很相似。

　　在布雷塔，英国驻斐济领事瑟斯顿先生的私人住所里，我注意到并排生长的红色和黄色小果子，它们花朵的颜色与果实的颜色一样，两种果实的大小和味道相同，两棵树的高度也基本一样。乌波卢似乎比其他岛屿更盛产加耶檬果（*Evea dulcis*）。它不仅能结出好吃的果实，树也极具观赏性。阿皮亚山上可以找到很好的品种，我去那里时，远近的地上铺满了美味的加耶檬果。这种果实色泽金黄，呈标准的椭圆形，非常多汁，每颗重约 0.75 磅，可结两季。

　　芭蕉和香蕉几乎随处可见。我还在很多岛上发现了来自中国的香蕉品种。英国驻萨摩亚领事威廉姆斯先生告诉我，这个品种是他的父亲（约翰·威廉姆斯教父）多年前从德文郡公爵的花园里带来的，随后被传教士老师们引进到其他岛。群岛上芭蕉和香蕉的种类众多，我到访过的岛上就至少有 25 种。在斐济的一个种植园里，我发现了一个非同寻常的芭蕉品种。它的叶片呈明艳动人的深紫色，周围夹杂伴有斑叶。我曾试图采摘一枝做标本，但立即被当地人阻止了。我尝试用烟草、印花布，甚至现金来做交换，但都徒劳无果。后来，我从一位定居者那里得知，这是当地的习俗。波利尼西亚人会在他们房子的周围种植观赏植物，以纪念他们已故的亲人，任何破坏这些植物的行为都被认为是罪大恶极，甚至可判处死刑。我想起在图图伊拉岛时，当我正要拔一株小楤木（*Aralia*）苗时一位年轻的酋长急忙冲过来，大声地叫喊着："不可以！不可以！"从他激动的外表可以判断，要不是准将和那些军官在场，他一定会对我严加处治。

另外值得注意的是，很多岛民，尤其是塔纳岛、瓦特岛和新赫布里底群岛的岛民，特别喜欢在房屋周围种植他们能找到的最漂亮的、五彩斑斓的植物做装饰，巴豆（*Crotons*）、龙血树（*Dracaena*）和吴茱萸（*Evodia*）等能散发强烈香气的植物最受欢迎。就连那些赤身裸体的野人，也在审美上，拥有一定的品位，这一点，有些人可能觉得奇怪，而我却相信世上没有一个人，在路过巴豆和龙血树这样五彩斑斓的植物时，能无动于衷。任何被包扎起来的花束都无法比拟这些天

然植物所展现出的明艳美丽。想象一下，一株巴豆能产生多
么令人眼花缭乱的效果，树高 12 至 15 英尺，叶片茂密，点
缀着颜色艳丽的斑纹或斑点，有鲜红色、朱红色和黄色，还
夹杂着紫色、绿色、橙色或粉色的网状。龙血树的美丽和巴
豆比不相上下，它们通常生长在山坡上。我还发现一个奇特
的现象，龙血树和我见过的其几种植物，在岛内不同地点生
长出的颜色各不相同。除了绿色的品种外，其颜色的品种并
没有普遍的分布规律，在所有岛屿上都有分布。萨摩亚群岛
似乎非常适合种植甘蔗和咖啡树，有些地方也大量种植水稻和
棉花。领事威廉姆斯先生就拥有好几个大型水稻和棉花种植园。

在朗德尔和维奥莱特神父（法国传教士）的花园里，我
注意到许多被引进的外来植物都枝繁叶茂。他们的花园非常
值得一提，占地约 60 英亩，坐落在一片肥沃的冲积平原上。
杧果（*Mangifera Indica*）、荔枝（*Euphonia Lichee*）、木胡瓜
（*Averrhoa Bilimbi*）、人心果（*Achras sapota*）、番荔枝（*Anona
squamosa*）等果树最为茂盛。花园里还点缀着枝干上缠绕着香

荚兰（*Vanilla aromatica*）的面包树和椰子树。花园本身并没有刻意的艺术性装饰，但这里风景如画，溪水流淌，湖泊恬静，小径蜿蜒，面包树和椰子树茂密成群，香蕉树和露兜树（*Pandanus*）葱郁茂盛，所有植物都枝繁叶茂，真是名副其实的"伊甸园"。

这里还有我见过的最漂亮的树篱，环绕在房子旁一个漂亮的花园四周，由低矮的鲜红色大型双花木槿（萨摩亚群岛当地植物）构成，约4英尺高，表面长满了鲜花，鲜亮翠绿的叶子在花丛中隐约可见，形成一道美丽的风景线。

在乌波卢停留的一周内，我游历了岛内大部分地方，这里植被之丰富令人叹为观止，主要包括锦葵科、桃金娘科、椴树科、无患子科、藤黄科、五加科、橙科、豆科、百合科、大戟科、菊科和荨麻科等植物。

二

下一站，我们来到瓦瓦乌岛美丽的港口。在汤加群岛之中，瓦瓦乌岛是我们访问的唯一岛屿。这里的港口风景如画，美丽程度仅次于图图伊拉的帕果 - 帕果港。尽管这里的风景令人着迷，但是在我游览完岛上大部分地方后，并没有发现非常稀有或新奇的植物。瓦瓦乌没有那么多山，相比其他岛屿地势起伏平缓，我认为这里非常适宜种植棉花。这里盛产椰子树，数量之多，无处能及。出乎意料的是，这里的椰子树品种多达 6 种，而在此之前我最多只听说过两种。采集标本后，我很快从当地人那里知道了它们各自的名称：纽卡法（Niukafa），椰果体型巨大，椰壳约长 18 英寸；卡法库拉（Kafakula），椰果近乎圆形，椰汁香甜；陶卡维（Taokave），椰果体型小巧，椰汁只限酋长们享用，树干比其他品种的更高，更纤细，产果量更高，平均每串可以结 80 个椰子；帕加尼亚（Paagania），椰果个头中等，但椰壳很厚，当地人会把它的椰壳切成直径三四英寸的圆片，用来玩一种叫作"拉福"（lafo）的游戏；纽伊梅（Niumea），外观漂亮，椰壳呈红色；尼努乐（Ninule），是整个波利尼西亚最常见的品种，椰果大小与纽伊梅的接近，椰壳颜色与普通椰子的颜色一样，生长力极强。

在距离港口大约两英里的一个村庄里，我偶然发现了一种柚子，果实巨大，周长平均 30 英寸，果皮厚 1 英寸，味道苦涩。在距离瓦瓦乌海拔最高的塔劳山——海拔 400 英尺——不远的一片墓地附近，我发现了几棵美丽的滨玉蕊（Barringtonia speciosa）。这种植物在瓦瓦乌并不常见，多见于斐济群岛和东印度群岛。它茂密伸展的树枝上，长满巨大的深绿色叶片和玫瑰粉色、味道芳香的花朵，使它成为观赏树木中的佼佼者。树下很大一片空地上，通常会落满四边形的果皮，这些果皮变成绿色后，具有毒性，当地人用来捕鱼。在离墓地大约 1 英里的地方，我惊喜地发现一棵足足有 35 英尺高的巨型罗望子树（Tamarindus Indicus）。我询问了一些勉强能讲英语的当地人，问他们是否知道这棵树的来历。他们说是"*Papelangi*"——"白人"——种的。村子里还有大量不同品种的橘子树，以塔希提品种为主。此外，还能看到柠檬树和酸橙树，这种酸橙树和我在萨摩亚见到的品种相同。这里还盛产番木瓜（*Carica Papaya*），或"巴布果"（通常被称为"曼密苹果"①）。可以制作成卡瓦酒（*Kava*）②的卡瓦胡椒（*Piper methysticum*）③也被广泛种植。但是由于传教士已经在这里和其他许多岛屿定居，饮用这种"如野兽般猛烈"的饮料的习俗，最近几年不多见了。瓦瓦乌岛的林下灌丛主要是青篱竹（*Arundinaria*），它们是当地人建造房屋和栅栏（绝对是我见过最整洁、最好的）的主要原材料。菜豆属（*Phaseolus*）

---

① 译者注：Mammey apple，全名非洲曼密苹果，别称非洲黄果藤树木，果实形态呈梨形或球形，果实颜色呈浅黄色至橙色。

② 译者注：卡瓦酒由卡瓦的根部制成，人们通过咀嚼、研磨或者捣碎等方式磨碎卡瓦的根部，加入少量水制成卡瓦酒。卡瓦酒的味道有些辛辣，饮用后能让人感受到麻木和放松的感觉。

③ 译者注：卡瓦胡椒是胡椒科多年生直立灌木类药用植物，产于南太平洋诸岛，根和根茎入药。卡瓦胡椒的主要药效成分能够双向调节神经递质，具有抗焦虑和抑郁、镇静催眠、局部麻醉、抗惊厥等多种作用。

和几种番薯属（*Ipomoea*）植物绵延生长，形成数百英亩、枝繁叶茂的密林。有时它们会潜入构树（*Broussonetia*）（用于制作"树皮布"①的植物，是制作当地布料的原料）的种植园，不久后又会消失不见。优雅的椰子树昂首矗立，在微风中摇曳着羽翼般的叶子，傲视群雄。我发现在靠近海边的地方植被更为多样，几乎没有例外，这里锦葵属、茜草科、五加科和豆科植物的种类最为丰富。

　　我乘坐法国传教士的小船轻松愉悦地游览了整个港口，这里不仅风景迷人，素馨花（*Jasminum gracile*）的香气更令人沉醉。我们偶尔会把船停靠在沿海岸而生的灌木丛边，还能欣赏水中五颜六色的鱼和珊瑚。长有心形叶片和金黄色大花的美丽的椴树（*Paritium tiliaceum*）、莲叶桐（*Hernandia*）、胡桐（*Calophyllum*）、刺桐（*Erythrina*）和木麻黄（*Casuarina*）装点着海岸。夹竹桃（*Echites*）和绽放着白色花朵的球兰

---

① 译者注：Tapa。

（*Hoya*）在这密林中深藏不露，若隐若现，让想要一睹其芳容的仰慕者束手无策。被当地人用来制作竹芋粉的蒟蒻薯（*Tacca pinnatifida*）在这里茂盛地生长着。兰科植物很少见，或许偶尔能在一丛槲蕨（*Drynaria*）中，在树桩上或是树杈中看到石斛兰（*Dendrobium*），偶尔也能在茂密的草丛中看到拟白及（*Bletia*）和双尾兰（*Diuris*）。

当地人在村落里的住所周围种植着很多斐济当地的植物。其中比较引人注目的是三色铁苋菜（*Acalypha tricolor*）、大戟科（*Euphorbiacea*）、龙血树、巴豆树和好看的金棕（*Pritchardia Pacifica*），它们翠绿的叶片（虽然外形相似，但在体型上却比拉丁棕榈和澳洲棕榈大两倍）优雅地舒展在当地村民的棚屋之上，提供着庇荫。

在酋长（顺便插一句，他自称为"总督"）家附近，我发现了一个种植着上乘品种的烟草（*Nicotiana*）种植园，这可不是岛内土生土产的植物。附近还种着一些西印度群岛产的洋椿树（*Cedrela velutiana*）。在村子附近的地里还能看到好几个品种的含羞草（*Mimosa sensitiva*）和橙红茑萝（*Quamoclit coccinea*）（一种来自南美洲的著名的小型一年生缠绕草本植物）。酋长家前面的小花园里种有大量的橙红茑萝。酋长大卫——身高约 6.2 英尺，长相标致，是距离瓦瓦乌一天航程的汤加群岛的汤加塔布岛老"乔治国王"的儿子。他能讲流利的英语，而且聪明绝顶。他的房子确实值得参观，共有四个房间，结构简单却整洁，由护墙板和芦苇建成，房顶用甘蔗秆覆盖。正房摆放着一套漂亮的家具，听说是在我们来之前的几个月刚从悉尼运来的，有两张桌子、一张沙发、几把椅子、一个小衣柜，如果我没记错的话，地板上还铺着一块布鲁塞尔地毯。壁炉上方挂着一面大镜子，和几幅宗教主题的画作，壁炉上摆放着几件整洁的装饰品。我和我的朋友正要离开时，这位"大人"问我们是否想喝点白兰地或葡萄酒，然后迅速在桌上放了两个玻璃杯、几个新烟斗和一些烟叶。我们要走的那天早上，他专程来送行，前一天，他才乘他父亲的船从汤加回来。他下船时，舰队鸣响七响礼炮，这样贴心的仪式令他欣喜不已。舰长对岛上各位酋长主动礼貌示好的办法，似乎对让酋长们产生好感、与他们建立良好的关系非常奏效。无论是何种形式的尊重和友善，都能使当地人摆脱"野蛮"习性，成为更"文明"的人。这些都得益于前人的关心和善意，以及传教士的辛勤工作（比许多人的功劳都要大）。瓦瓦乌的酋长和他的父亲，汤加群岛的汤加国王，都得益于此，向"文明"迈进了一大步。酋长大卫无疑是我们在航行中遇到的最文明的酋长。瓦瓦乌岛唯一的问题是雨水太少。尽管如此，它肥沃的土壤、偶尔的阵雨和夜间的露水，也能帮助其保持土壤湿润肥沃。

　　航行几天后，我们安全抵达斐济群岛的奥瓦劳岛。首先来到莱武卡港口，随后停靠在维提岛的雷瓦河河口。虽然莱武卡无法完全展现斐济的美丽，但岛上的植被资源非常丰富。毫无疑问，奥瓦劳岛上的植物种类比斐济群岛中任何一个面积相若的岛屿都多，只不过必须绕到岛的另一边，穿过巴乌岛到雷瓦河上游，才能看到郁郁葱葱的热带植物。而最令我欣喜的，莫过于瓦卡亚岛之旅（迎风航行，距离奥瓦劳岛8英里），这个岛为美国领事布劳尔博士所有。他在岛上居住期间，非常重视棉花、咖啡豆和甘蔗的种植，功绩斐然，值得称道。他大量种植海岛棉，质量是我见过最好的。这个种植园堪称海岛棉的天堂，长7英里，宽2英里，被几条河流灌溉滋润，穿过葱郁的青山和花园般的森林，还能看到几百头品种优良的牛羊。在这里，饲养员和牧羊人都嫌多余，牛羊在天堂般的牧场里陶醉狂欢，自由自在。布劳尔博士告诉我，八年前他引进了10头牛，现在已经增加到近两百头了。他还养殖了一些良种马、山羊、猪和家禽。

攀登奥瓦劳山的旅程，虽然辛苦却非常有趣。据说奥瓦劳山的最高峰有2080英尺高，历尽艰辛我才爬到山顶。茂密的灌木丛、芦苇和各种攀缘植物——尤其是菝葜（Smilax）和悬钩子（Rubus），给攀登者们制造了很多"麻烦"。有些时候，我和我的向导不得不匍匐爬行，用了一个小时才艰难地穿过其中一条像迷宫一样的小径，其间不时被藏在茂密草丛中的石头、蔓草、腐烂的草木，或是可能会随时出现的巨大的岩石和胶结的火山渣绊倒摔跤。除了攀登，我们别无选择，否则还得经历一次从几乎无法穿行的原路爬回去的煎熬。虽然那些巨大的岩壁近乎垂直，然而由于火山灰质地柔软，一些速生植物能在凸出的岩架上生根发芽。此外，因为岩壁上不断出现缝隙，当地人才能敏捷地攀爬，否则人们是绝不可能越过这些 80 多英尺高的障碍的。在被茂密植被覆盖的山上，可以找到很多品种优良的榕树（*Ficus*），它们体型巨大，几乎每枝树杈和树枝上都附生着大量的水龙骨科（*Polypodium diversifolium*）植物，把它们装扮得极其美丽。望江南（*Cassia occidentalis*）、钝叶号角树（*C. obtusifolia*）以及几种胡椒（*Piper*）、马利筋（*Arundinaria*）、白花丹（*Plumbago*）、叶下珠（*Phyllanthus*）、黄花稔（*Sida liniphylla*）遍布山脊。海滨木巴戟（*Morinda citrifolia*）巨大而光滑的绿色叶片美丽动人。黄槿（*Talipariti tiliaceum*）的叶片翠绿，花朵嫩黄，艳压群芳，它们通常生长在山谷或靠近海岸的地方。一种柃木（*Eurya*）、栲泼罗斯马（*Coprosma*）、美丁花（*Medinilla*）和红

荆梅（*Geissois*）在山上茂密地生长着，山上可以俯瞰美丽的
利冯山谷。我还在这里发现四种卷柏（*Selaginella*），因为长在
潮湿的背阴处，生长力极其旺盛，树高可达 5 英尺。这里还
生长着大量种类繁多的铁角蕨属（*Asplenium*）、蓍叶铁角蕨属
（*Darea*）、骨碎补属（*Davallia*）、锉蕨属（*Doodia*）、隐囊蕨属
（*Notholaena*）、铁线蕨属（*Adiantum*）、姬蕨属（*Hypolepis*）、
肋格蕨属（*Pteris*）、槲蕨属（*Drynaria*）、南紫萁属（*Todea*）、
凤尾蕨属（*Litobrochia*）、多足蕨属（*Polypodium*）、肾蕨
属（*Nephrolepis*）、新月蕨属（*Nephrodium*）、鱼骨蕨属
（*Lomaria*）、海金沙属（*Lygodium*）、肾盖囊蕨属（*Marattia*）
等蕨类植物。岩石上长满了骨碎补属（*Davallia Fijiensis*）和紫
露草属（*Tradescantia*）植物。贴生石韦属（*Niphobolus*）、芒毛
苣苔属（*Aeschynanthus*）和树花属（*Ramalina*），以及包括太
平洋栗（*Inocarpus edulis*）、杜英属（*Elaeocarpus*）、红厚壳属
（*Calophyllum*）在内的树茎巨大的大型树木与骨碎补属在这里
和谐共生。榄李（*Lumnitzera*）和桐棉（*Thespesia populnea*）的
根茎枝叶通常被一叶蕨厚厚的叶子覆盖，它们丝带状的叶片

优雅地悬垂而下，看起来奇特而美丽。另一个新奇、壮观的现象是，一些大型树木上长满了两种藤露兜树属（*Freycinetia*）植物，露兜树属（Pandanus）一簇簇的矛尖形叶片挂满共生植物的树枝。

两种崖角藤属（*Rhaphidophora*）通常也以相同的方式出现，几乎能完全遮住大型树木的树干和树枝。露兜树属植物在内陆地区非常少见，但在沿海地区非常常见。其强壮的气生根从树干中伸出并向地面伸展，尖端带有松散的杯状涂层，可以帮助它们保存吸收的营养，让其在到达地面之前不受伤害。为了避免根茎被海风吹走，它们会尽快将自己掩埋起来。尽管路途漫长而单调，却也充满乐趣，比如我会因途中偶遇巨油麻藤（*Mucuna gigantea*）——也叫"大豆子"，两尺长、宽如手掌的巨型豆荚——而惊喜若狂。还会因为看到太平洋栗——也叫"南太平洋栗子"，我之前描述过它的单根茎，寄生在面包树（*Artocarpus incisa*）的树枝上——而欣喜不已。我见过两种桑寄生和一种槲寄生植物，这些寄生植物很有意思，极具观赏性。

布雷塔如画的风景同样令我难忘。瑟斯顿先生的领事馆坐落在一座小山上，可以俯瞰奥瓦劳港的迷人景色，从这里向北看，利冯山谷美丽的原野尽收眼底。事实上，这里更像一座花园，有挺拔的椰子树和高大的蕨类植物，有遍布山谷的芭蕉和香蕉林，还有其他丰富多样的植被，共同绘成一幅壮丽的图画。转过身来，就能看到狭长、地势低矮，但是美丽的莫图里卡群岛，它的各个小岛之间相距数英里，大斐济和"维提岛"就在远处。周围和下边平缓的地势上，最突出的画面就是广阔的翠绿色植被，周围是白色的沙滩和珊瑚礁，以及永远不会被遗忘的椰树林。

瑟斯顿先生的棉花种植园是我见过最好的种植园，他们非常小心地将不同品种的棉花分开种植，这是获得优良品种必须注意的防范措施。通常情况下，如果种子种植距离太近，花粉会从一个品种传播到另一个品种，结果当然会造成不同品种之间的杂交。殖民者们说杂交种品质较差。然而，我不禁思索，如果埃及棉和海岛棉杂交，一定会产出一种优质的棉花品种。埃及棉丝滑的质地和海岛棉纤长的纤维应该可以满足不同的商业用途。

斐济几乎无所不能种植。我注意到一个殖民者的花园里种植着一些优质蔬菜。瑟斯顿先生优秀的管家——伦伯格先生确信无疑地告诉我，印度玉米在这个季节能结三茬，而且一根玉米秆上通常能结六穗玉米。离开布雷塔后，我乘坐领事的船沿着雷瓦河继续前行，这里距离雷瓦河的河口大约有40英里。我感到非常荣幸，能有如此珍贵的机会了解斐济的这一面，让我的植物学探索之旅收获颇丰。

在距离河口20多英里的地方，河道的宽度超过0.25英里，沿河两岸是大片的棉花和咖啡豆种植园，其中比较重要的种植园是斯托克公司的产业。此外，甘蔗也在有些地方被小规模种植。

　　沿着河流向内陆行驶数英里的地方，能看到高低起伏的村落，和肥沃多产的土地。这里的土壤由来自不同地方的火山碎石和植物沉积物混合构成，再加上被夜间的露水和频繁的阵雨浸润，变得非常肥沃。的确，在走访斐济期间，我发现这里没有一亩土地没有被耕种，到处都覆盖着茂密的植被。在向河流上游行进的过程中，我拜访了几位殖民者，他们都非常友善，我也有幸参观了他们的种植园。

　　我认为在雷瓦河流域种植棉花，回报率不如种植甘蔗高。夜间的重露和几乎每隔一天就下一场阵雨的气候，并不利于棉花种植，尤其在采摘季节。相反，肥沃的土壤和持续的湿度却更有利于甘蔗的生长。也许有些人认为是夸大其词，但据我所知，甘蔗长到 25 英尺高，丝毫不足为奇。我亲自测量过奥瓦劳一根甘蔗的高度，足有 22 英尺。但是，如果是在岛上的向风面，或者在靠近海岸的空旷地带，我毫不怀疑，种植棉花会比甘蔗更让种植户受益。

穿过被浓密绿植笼罩的山峦和山谷，在这条美丽的河流
两岸，首先映入眼帘的是棕榈树和树蕨。虽然不见优雅的椰
子树，却能看到肯尼亚棕榈树和美丽的金棕。椰子树大多只
生长在离大海不远的岸边，但是在新赫布里底群岛的瓦特岛
上，我却在离海岸大约九英里的村庄里发现了一些优质品种。
其次，这里的花朵和树叶颜色搭配和谐美丽，有如人工包扎
的花束，让人过目难忘。比如，刺桐的猩红色花朵在大片的
金黄色干枯叶片的映衬下，显得更加艳丽。还有黄槿的花朵，
在红厚壳属（*Calophyllum*）、玉蕊属（*Barringtonia*）和栗檀属
（*Inocarpus*）植物墨绿色叶片的陪衬下，更显动人。无患子属
（*Sapindus pinnata*）火红的嫩枝像是伸向远处的花剑，在芭蕉
草绿色的大型叶片——只要没被海风破坏，绝对是最美丽的
热带植物叶片以及在橘黄色的累累果实的映衬下，显得越发
迷人。而远方墨绿色夹杂着紫色的重峦叠嶂，把原本就五彩
缤纷的景象映衬得更加斑斓绚丽。还有比这更美的风景吗？
而这短短几个小时，根本不足以让我仔细观察这美丽华盖下
的所有宝藏。很多时候，只能无奈地匆忙一瞥，但如果可能

的话，我宁愿牺牲其他东西来换取在这里多逗留一天，哪怕是半天的机会。

在离河岸不远的潮湿地带，可以看到薏苡（*Coix Lachrima*）、美人蕉属（*Canna*）、青篱竹（*Arundinaria*）、紫露草属（*Tradescantia*）、滨豇豆（*Vigna lutea*）、菝葜属（*Smilax*）和几种甘薯类植物，九里苔（*Clerodendron inerme*）、龙血树属（*Dracaena*）、巴豆属（*Croton*）、文殊兰属（*Crinum*）、海芋属（*Alocasia*）、拟白芨属（*Bletia*）、观音座莲属（*Angiopteris*）、桫椤属（*Alsophila*）、卤蕨属（*Acrostichum*）等植物，因为湿度恒定，长势茂盛，人根本无法从中穿过。在有些地方，可以见到耕地种植的参薯（*Dioscorea alata*）（山药）、木薯（*Jatropha Manihot*）和番薯（*Ipomaea Batatas*）（红薯）。不得不说，生活在荒野的斐济人给我们上了一节蔬菜种植课。他们通常先选择一块平地或者缓坡，然后用尖头木棍挖直径五六英尺、间距和深度约 3 英尺的坑。土壤被碾碎后再被填埋回坑里，用同样的方法把更多的土壤碾碎，然后堆成约 3 英尺 6 英寸的圆锥体，用手轻轻拍打成型，然后从番薯上切下小段树枝，从这个金字塔形状的土堆顶部插入约 3 英寸。五个月后，番薯就能长到 5 英尺或更高，重量通常在 20—25 磅。芋头在斐济岛的种植面积似乎比其他任何岛屿的都大。水生植物的利用价值最高，但是水生植物赖以生存的沼泽和湿地的水却很少被利用。人们认为旱生植物不够健康，大多被种植在山上的耕地里，这里四周被香蕉种植园包围，棕榈树和树蕨美丽的叶片在上空随风飘动，形成一幅有趣的画面。煮过的芋头叶是菠菜的绝佳替代品，而对我来说，它的味道远比菠菜更美味。

我曾在新喀里多尼亚和新赫布里底群岛见过海漆（*Excoecaria Agallocha*）（斐济群岛的有毒植物），但它在斐济群岛更为常见。我很少看到它能长到 20 英尺以上，它通常生长在靠近海岸的地方，在内陆很少见。据说，这种植物的腐木和树叶在焚烧时，产生的烟可以治疗麻风病，这种病在整个波利尼西亚非常流行。海漆浓密紧凑的外形看起来非常美丽。

厚藤（*Ipomoea maritima*）偶尔会出现在海边的沙滩上。在雷瓦河口附近的拉托巴岛上，我见到了大量的厚藤，还有卤蕨（*Acrostichum aureum*）和九里苔绵延数英亩。两种红树属植物（*Rhizophora*）（红树林）在斐济多地沿海岸而生，绵延数英里，尤其在雷瓦河附近大量生长。

三

离开斐济后，我们来到新赫布里底群岛，分别拜访了安内图姆岛、伊罗曼加岛、塔纳岛、瓦特岛和桑威奇岛。进入安内图姆港后，能看到山上开阔的绿地，看起来像平整的草坪，周围是茂密的植被。总的来说，新赫布里底群岛的风景不如我们参观过的其他地区。然而瓦特岛值得一提。平心而论，安内图姆岛和塔纳岛（不能对伊罗曼加岛做更多介绍，因为在那里只逗留了几个小时）的植物种类异常丰富。每走几步就能看到形状各异、五颜六色的树叶，上面还点缀着色彩缤纷的条纹和斑点。除了巴豆属、龙血树属、铁苋菜属、

喜花草属（*Eranthemum*）、彩叶木属（*Graptophyllum*）、露兜
树属、木槿属、金线兰属（*Anectochilus*），我还可以列举出几
十种五颜六色的植物，这样的美景绝对会让路过的植物爱好
者驻足并欣赏它们独一无二的美丽。哪位路过那些美丽无比
的植物宝藏王国的人，看到像巴豆属和龙血树属这样的植物，
能无动于衷，不会心生兴奋与赞叹呢？我很幸运，在这次航
行中找到了 35 种龙血树属的新品种，它们叶片的大小和颜色
彻底颠覆了我之前的认知。

对于旅行者来说，安内图姆岛可能是最安全的，因为当
地人可能是我见过的波利尼西亚人中最穷困的。穿越岛屿，
我找到了一些优质的斐济贝壳杉（*Dammara obtusa*）样本。瓦
特岛和安内图姆岛上的贝壳杉是迄今发现的最好的木材树，
树高可达 100 英尺左右。多个品种的檀香木属（*Santalum*）
植物出现在山区，但是这种树的大型标本非常稀有。茂密
的漆树科（*Anacardiaceae*）、爵床科（*Acanthaceae*）、锦葵
科（*Malvaceae*）、五加科（*Araliaceae*）、芸香科（*Rutaceae*）、

大戟科（*Euphorbiaceae*）、桃金娘科（*Myrtaceae*）和豆科
（*Fabaceae*）植物，似乎是这里林下灌丛的主要目类。两种异
常美丽的攀缘蕨类植物——海金沙（*Lygodiction*）和滨紫草
（*Mertensia*），有时缠绕在丛林中较大灌木的茎上，形成一个距
离地面 15 英尺的完美网络。在新赫布里底群岛，尤其是靠近
海岸的地方，有多种海杧果属（*Cerbera*）植物（有剧毒）。花
白色，散发香味，在夜间尤其强烈，闻起来与茉莉花的味道
相似。出乎我意料的是，竟在山里靠近一座村庄的地方，发
现了两棵成年柱冠南洋杉（*Araucaria Cookii*），这让我分外
惊讶。毋庸置疑，作为新喀里多尼亚的本土植物，它们应该
是多年前从那里被引进过来的。竹子与貌子簕竹（*Bambusa
Arundinacea*）有些类似，但也有很大区别，有时能在山坡
上的树丛中找到它们。竹子羽状的枝条在岛内常见的棕榈
树——酒椰（*Sagus*）（又称里希斯托尼亚）树上方微微弯曲，
形成一道美丽的风景线。来到小岛的另一边，我看到两种槟
榔属（*Areca*）棕榈树，它们美丽绝伦。此外，种类繁多的蕨
类植物装点着蜿蜒曲折、流向大海的溪流两岸，矗立在岩石

边和海边，以及已和它们融为一体的腐木旁。在岩石上，在水面上，在部分嵌在岩石上的腐朽木材上，可以看到各种蕨类植物。其中鱼骨蕨属（*Lomaria attenuata*）和尖叶桂樱（*L. undulata*）比其他种类的数量更多，它们茎长 3 英尺，是蕨类植物中的小人国植物。靠近海岸的另一边，生长着我见过的最好的露兜树林，其中一些生长着美丽的斑叶，它们垂下的叶片捕捉着浪花，根部被翻滚的巨浪冲刷着。经过艰难的穿山之旅后，还没到海边，夜幕就降临了。要不是第二天的出航命令已经下达，我今晚更希望能在这里露营。天色很快全黑下来，岸边巨石嶙峋，几乎无法通行，导致我摔了好几跤。为了避免再次摔跤，我的向导们用北美箭竹属（*Arundinaria*）植物的干树枝和树叶做成火把，这帮了我们大忙。快到达传教站时，天渐渐破晓。

塔纳岛的植被也非常茂密。那里有多处美丽的风景，然而最重要也最令我难忘的是火山，它也是波利尼西亚独有的最壮丽的景象。火山坐落在距离我们停泊的奋进港五六英里的地方。这座火山非常活跃，每隔五至十分钟就喷发一次，几英里之外都能听到巨响。那天的行程非常仓促，为了寻找植物，我当天已经在岛上朝另一个方向走了八至十英里，和我的向导分开后，我采纳了另外两位当地人的提议，让他们划船带我去火山。于是我便上了他们的独木舟，他们划桨带我到了岸边。我们穿过一条狭窄、崎岖不平的小径，路上浓翠蔽日，沟壑纵横，穿过好几个村庄。在其中一个村庄里，我发现一个优质的无花果品种，尽管天色渐晚，我还是忍不住要把它记录下来。根据它不到一英寸长的小叶片，我大胆判断它是澳洲大叶榕（*Ficus microphylla*）。我发现它的干围大约是 45 英尺，根据两边的树枝距离判断，树宽至少有 260 英尺，高100 英尺。树荫下有几间小屋。与印度的菩提树一样，数百条根扎于地下，随着生长支撑着向外延伸的侧枝。在到达火山之前，我已经从其他几座山顶窥见其貌。3 英里之外都能闻到刺鼻的硫黄味，衣服上也能闻到。植被开始变得稀疏，即便有肥沃的土壤和水分，许多树木看似能够勉强生存，但大多数树木已是落叶飘零，奄奄一息。再往前走一英里，山上就光秃秃的了。最后，只能看到一片起伏的、沙质的、干涸的平原从山上辐射下来，在眼前延展开来。继续往右边走，在离火山口大约半英里的地方，左边是冒着热气的温泉；在距离这里不到一英里的地方，穿过一条沙脊后，就能看到下面山谷中大量的硫黄和硫黄石。在非常靠近火山脚的地方，有一片小湖，占地几百码。据说这座火山海拔 1300 英尺，但我想它要比想象的高得多。由于脚下的熔岩碎渣、沙子和硫化物质地松散，脚很容易陷进去，因此上山之路不仅陡峭，爬起来更是吃力。唯一的救命稻草是火山石块，成为我们艰难跋涉途中的立足之处。我的几位向导彼此间一直喋喋不休，偶尔在火山喷发时对我做手势，让我小心那些炽热的红色火山熔岩，它们通常重达数英担^①，喷射时完全在我们的视线之外，偶尔会飞溅到我们身旁。当我们到达山脊的东南侧，这里过去是一个火山口的边缘，距离山顶有二三百英尺，我的向导们，不管我给他们什么样的诱惑，都坚决不再往前走一

---

① 译者注：hundredweight，重量单位，英国 1 英担等于 112 磅，美国 1 英担等于 100 磅，一吨为 20 英担。

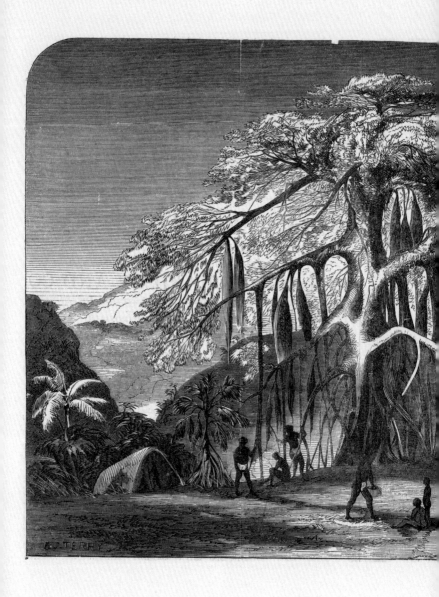

"挑战者"号停靠新赫布里底群岛的塔纳岛奋进港期间，我去了火山，它位于岛内大约6英里处。在茂密的新奇植物和观赏树中，我发现了一种无花果树，我斗胆判断它是澳洲大叶榕，或者叫塔纳岛榕树。岛上很少有其他树木能比这个品种的树高。尽管我的本地向导一直用手势示意我，天色将晚，得赶快去火山了，我还是在图中的这棵树下坐了半个小时。

威廉·加法叶，《悉尼新闻画报》，
1868年10月31日星期六，第76页

《塔纳岛的澳洲大叶榕》
新赫布里底群岛，加法叶绘，1868年

步，而且对我想要再向前靠近的想法感到非常恐惧。起初我本以为是因为我来到了这座山危险的一侧，或者，是因为当地人心里充满了一种近乎宗教般的敬畏。

后来我从其他岛上的一个传教士那里得知，塔纳岛人有一个传说，大意是说几位酋长和一些当地人有一天从火山口向下看，山神对这些人的行为感到不满，突然间他们所站的山体坍塌，这些人也都被卷入波涛汹涌的海湾。这个山口呈椭圆形，直径最宽处超过0.25英里。在这个鸿沟下不到600英尺的地方，可以清楚地看到巨大的燃烧体。很明显，在火山口下面几英尺处有两个喷火口，其中一个在喷发。火山喷发前，会有大量的烟雾从底部喷发而出，快速飘到山顶，向周围的人发出警告。烟雾刚刚飘到火山口，就听到惊天动地的巨大轰鸣，震耳欲聋，随着巨响，大量炽热的岩浆喷涌而出，高达数百英尺。这些熔岩大小不等，既有大理石大小的石块，也有重达数英担的巨石。有的熔岩垂直落下，但更多的熔岩由于其流动特性，从火山口呈弧线形坠落，并呈现出不同的形状。我本应该至少停留一个小时，一睹这壮观的奇景，但事与愿违，一阵强烈的西南风影响了气流，使空气中立刻弥漫着浓密的硫黄烟，几乎让人窒息。于是我走下去找向导，他正吸着烟斗。从火山走出来几英里后，我又被植被吸引，停下了脚步。说来奇怪，舰长来过这里，说他在火山口附近发现了一小棵蕨类植物，不管是活的还是死的，它可是距火山口至少 1.5 英里范围内唯一存活的植物。这种蕨类，虽然不在结籽期——我相信是一种新的肾蕨属，但不管它真正的属名是什么，我们都认为应该给它取名"兰伯特"，以纪念它的发现者。

在去火山的途中，我发现了好几种有趣的植物，其中两个分别是刺桐属（*Erythrina*）和喜花草属（*Eranthemum*）。但是在我上午艰难的跋涉中，在距离岛内 8 至 10 英里的地方，我发现一种花，它的美貌和艳丽毫无疑问在波利尼西亚举世无双，即便将她的雍容华丽与世界上其他地方的花相比，也无出其右者。这是一种豆科植物的树，树高 15 英尺，叶片纤长而优雅，呈浓重的金黄色，茎也同样如此，我站在树下默默地欣赏，如痴如醉。不过真是可惜啊！没找到它的种子、幼苗，或者嫩芽。我到处寻找这棵树的种子和这种树其品种的种子，却徒劳无功。我为什么不给我的向导一些小礼物，让他们带我去找呢？当地人用手比画着，加上几个蹩脚的英语单词，告诉我山那边有这种树，但是如果我们冒险过去，当地人会杀了我。于是我不得不剪了些树枝，就此作罢。尽管我剪了不少树枝，但遗憾的是，即便在细心照料之下，这些剪下的枝叶还是在我们离开塔纳岛一两周后就死了。我和向导在那棵绝世美丽的树下小憩了半个小时，不忍离开，明媚的阳光透过树叶投下金黄色的阴影。其实在距离它所在的山谷至少3英里的地方，我就已经听说过这棵树。第一条暗示来自一位当地人，他当时一边指着一块黄色的印花布（我随身携带的物品之一，用于以物易物），然后又指向一棵树，我当时就明白了他的意思。在我们从另一个方向返回的途中，我还发现了许多其他宝藏，其中值得一提的是一棵芭蕉科（*Musaceae*）植物，属于蝎尾蕉属（*Heliconia*）和鹤望兰属

（*Strelitzia*），它的叶片茂密，长有美丽的各色条纹。

塔纳岛人是新赫布里底族的一条支脉，身材虽然不是最高的，却是最健壮的，智商也最高。两位操着流利英语的本地人，在和我一起寻找植物时，曾对我说："如果有传教士胆敢住在塔纳岛，塔纳岛的男人们一定会像宰猪一样杀了他的。"我相信他们一定干得出来。

有一类品种优良的肉豆蔻属（*Myristica*）植物，在新赫布里底群岛其他地方未有分布，唯独在塔纳岛大量生长。在通往火山的道路两边，这种树长到了15—16英尺，树下铺满了掉落的果实。

我们在伊罗曼加岛只逗留了几个小时，在瓦特岛和桑威奇岛停留了几天。

我们首先参观了哈瓦那港，然后到了维拉港，这成为我深入主岛的绝佳机会。我们抵达哈瓦那港时，天色已晚，不到翌日天明，不会有当地人的木筏停靠在岸边。不过当晚却有一位自称"吉米·查科尔"的忠实岛民乘船来找我们，他能讲流利的英语和几种当地方言。如此一来，明天早上当地人一过来，我就能通过他的翻译，与这里的白发酋长交流了。那位酋长做出过承诺，表示要护送我进入岛内腹地。于是，我跟随吉米乘坐他的木筏上岸，一上岸，三十多位当地人就围上前，其中只有三人愿意跟随我和酋长。但令我吃惊和失望的是，在我们大约走了 5 英里时，老酋长假装说自己累了。其他三人，当觉察到我希望他们继续赶路时，又是摸嘴唇，又是拍地，比画说他们又饿又累。于是我给了酋长一些面包，他欣然接受，吃得津津有味。他又向前走了几百码，随后便偷偷溜进一片灌木丛。其他当地人还算靠谱，当看到远处出现的植被时，我们又向前走了三四英里。这片树林里有茂密但或多或少有些被破坏的木麻黄属（*Casuarina*）、白千层属（*Melaleuca*）、玉蕊属（*Barringtonia*）、刺桐属林带和大蕉林，地上堆放着成堆的大蕉；还有数百英亩的如公园般的空地；成片美丽的棕榈树和树蕨给这里平添几分迷人的风景，我从未在其他岛屿上见过这样的美景。虽然瓦特岛有些地区植被贫瘠、稀少，但是有些地区却堪称美丽而富饶的花园。总体来说，我认为从它适宜种植棉花这一点来看，瓦特岛对于一些企业便是个不错的选择。

经过我上面提到的那几个地方后，我们来到一个大村庄，村边生长着一大片巨型蝎尾蕉林——像是保护村庄的篱墙。蝎尾蕉树高 12 英尺，长 15 英尺，一开始我误认为是芭蕉。在这片篱墙旁边，我发现一根架在两根枝丫上的长杆，杆子上穿着许多人的下颌骨。我们还没走多远，一大群赤身裸体的当地人，有的肩上扛着棍棒，有的手里拿着弓箭，突然从几个棚屋里冲出来，对着我的向导大声叫喊。向导们立刻站起来，双方开始大声交谈，在谈话中，我听到"战士"这个词频繁出现。不用说，你们也能想象我当时的感受吧，我站在他们中间，对他们的语言一无所知，这些原住民从头到脚打量着我。有好几次，我都想拿出我的左轮手枪，虽然我有使用它的自由，但最后我还是忍住了。人群很快便散开了，我清楚返回是最明智的选择，于是没有再往前走，而是换了一条路。我总是习惯于尽可能友善开心地与不同岛屿上的原住民交往，而且发现这样的做法明智之至。逗他们笑，这通常是一件很容易的事，还会给他们一些花布、烟草这样的小礼物，很快就能得到他们的信任，而他们也会尽可能地回报你。不过，大多数原住民非常贪婪，有些人（特别是在斐济群岛）的品行则十分恶劣。

四

随后我来到保护岛和迪塞普逊岛 ①，一侧毗邻哈瓦那港。港口宽 3 英里，从入口望去，让人想起一条美丽的河流。这两个岛屿的植被看起来与澳大利亚的很相似，大多数林木似乎都缺水。白千层属灌木林与桉属（*Eucalyptus*）基本相

① 译者注：Deception Islands，迪塞普逊岛，南极洲的火山岛，位于南极大陆对开海域，属于南设得兰群岛的一部分。

似，偶然还能看到它们下面生长的成片的九里香（*Murraya paniculata*），空气中弥漫着类似橙花的香味，令人愉悦。九里香是我在群岛上见过的唯一的酸橙科植物，在港口另一边的主岛上能见到其他几个品种。主要有锦葵科（Malvaceae）、萝藦科（*Asclepiadaceae*）、茜草科（*Rubiaceae*）、爵床科、桃金娘科、百合科（*Liliaceae*）和禾本科（*Gramineae*）。如果时间允许的话，我本可以收集大量的禾本科干标本。在我逗留这两个岛期间，几乎滴水未降。当地原住民用更丰富的椰汁来代替淡水。由于淡水资源匮乏，这里的原住民，尤其是女性，与瓦特岛其他地方的人相比，看起来蓬头垢面。在主岛上，我发现了三种香木缘（Citron），一种果实很小，另一种与香橼（*Citrus medica*）相似，还有一种非常稀有，果实巨大，是普通柠檬的三倍大。一种黄皮属（Cookia）植物非常丰富，但这里既没有橙子、酸橙，也没有柠檬。

行船几小时后，我们来到维拉港，上岸后穿过帕果湾，在这附近，我成功地发现了大量植物。科什先生是瓦特岛上唯一的传教士，他派了几位当地原住民给我做向导，他们带着我进入岛内六七英里的地方。在路上，我发现了几个品种特别的木槿，其中两种花型巨大，艳丽而密实，我敢说是迄今为止发现的最美丽的品种。花型较大的那个品种花朵明艳猩红，平均直径达 7 英寸，花瓣相互交叠的样子，让人不禁联想到美丽的重瓣山茶花。我是在岛上距离山脊脚下 5 英里处，一大丛木麻黄（*Casuarina equisetifolia*）旁发现了这个品种。它鲜红色的硕大花朵与翠绿色的叶片形成鲜明对比，再加上它紧凑生长的习性，值得用一个再合适不过的通俗名称"挑战者号木槿花"来命名。学名应该叫"兰伯特"木槿，为纪念兰伯特舰长而命名。另一个品种的花呈美丽鲜艳的朱砂红色，双瓣花瓣，与银莲花相似，跟巨型大丽花差不多大。我把这种花命名为"莱特"木槿，以纪念来自帕拉马塔河亨特山的莱特先生，他于三四年前在帕果湾发现了这个品种。很遗憾，我的原住民向导们不愿意冒险再向帕果湾那边的岛上深处多走几英里。其中一位向导是拉罗汤加当地的一名老师，他能讲一口流利的英语，他跟我说，如果再往前走就"再也回不来了",因为那里的原住民是食人族,对白人极其凶残。

我们从另一条路返回,路上穿过一片红厚壳属(*Calophyllum*)林,以及一大片麻风树属(*Jatropha Manihot*)和蒟蒻薯(*Tacca pinnatifida*)种植园,当地人用它们制作竹芋粉。又穿过一片茂密的漆树科(*Anacardiaceae*)、桃金娘科和五加科(*Araliaceae*)植物灌木丛后,突然发现我们来到了一个原住民村庄,这里的房屋周围种植着大量长着美丽斑叶的苋属(*Amaranthus*)、楤木属(*Aralia*)植物和吴茱萸(*Evodia*)。所有这些植物都能做药用,尤其是吴茱萸,以气味浓烈而著称。这种植物几乎遍布波利尼西亚的每个村庄。我估计它是从萨摩亚群岛和斐济群岛被引入其他岛屿的。

海岸沿线的植被主要包括多个品种的海杧果属(*Tanghinia*)、露兜树属(*Pandanus*)、海漆属(*Excoecaria*)、莲叶桐属(*Hernandia*)、椰子属(*Cocos*)、桐棉属(*Paritium*)、

红厚壳属（*Calophyllum*）植物等。海岸附近的林下灌丛并不如哈瓦那港海岸的茂密，主要包括几种菊科（*Compositae*）植物，其中最引人注目的是黄色的孪花菊属（*Wollastonia*）和葵叶菊属（*Cineraria*）植物。多个品种的龙血树（在这次航行中我总共见到一百多种龙血树属，其中超过50种是绿叶植物）、扁担杆属（*Grewia*）、茉莉（*Jasmine*）、马齿苋属（*Portulaca*）、土人参属（*Talinum*）、厚藤（*Ipomoea maritima*）等遍布在沙滩上的各个角落。

新喀里多尼亚的法兰西港（努美阿），是我们返回悉尼前造访的最后一个港口。如果不是在去之前就知道这个地方植被丰富，在进入港口后的第一印象可能会误让我认为这里是世界上最荒凉的地方。这是个优良的避风港，因为是定居点，小镇规模很大。但是除了一片斑驳的草地外，周边的荒山几乎寸草不生，使努美阿与"令人神往"或"风景如画"这样的词语毫不相干。我认为如此缺乏品位的结果，是由法国政府造成的，如果他们能好好利用拥有的设施和劳改犯等资源，这里的景色一定能大为改观。他们只需到 7 英里外的地方，就能找到大量大型观赏林木，这在其他地方是很难做到的，而他们能在几个小时内就获取到植物资源，然后把这些植物种在土壤肥沃的荒山上。新喀里多尼亚气候和煦宜人，适宜各类植物生长，一定能成为让无数人心驰神往的圣地。即便是穷困潦倒的人，只要勤奋也能获得经济上的独立，更何况这里的土地和劳改犯劳动力的价格都如此低廉。我相信（我也非常希望能够尽快重访这里）新喀里多尼亚在植物种植方面一定会比太平洋其他岛屿产出更丰富多样的植物种类。

很遗憾我只在距离"示范农场"几英里的山上短暂停留了一天。尽管当天下着倾盆大雨，我还是成功地采集了一些有趣的植物。农场右边的两座峭壁之间，有个非常美丽的小瀑布群。这些峭壁被植被覆盖，比我在萨摩亚见到的要茂密。崎岖不平的碎石小路镶嵌在肥沃的，布满苔藓、地衣和真菌的火山土壤或熟化土壤中；布满苔藓的攀缘植物就像绳索，要么悬挂在空中，要么将腐烂的植物与活着的植物

捆绑在一起。我在这里见到卷柏和各种蕨类植物——拟白
芨属（*Bletia*）、文殊兰属（*Crinum*）、山菅兰属（*Dianella*），
以及脚下的各类植物，都枝繁叶茂，无法形容。在头顶上
方的高空中，高耸的树木伸展出巨大的绿色树枝，其树茎
和较大的树枝上点缀着大量寄生植物、附生植物和攀缘植
物，形成了一个密不透光的华盖，这样枝繁叶茂的美景，任
何语言的描述都显得苍白无力，任何天赋异禀的画家也无
力描绘。穿过更多空地时，最引人注目的是结着蓝色果实
的杜英属（*Elaeocarpus persicifolia*）、盛开着玫瑰粉色花朵
的九节属（Psychotlia）、唇形科（*Oxera pulchella*）的黄色花
朵、可爱花属（*Eranthemum tuberculatum*）的雪白花朵，以
及有着比橙花的花香更浓烈的九里香属（*Murraya*）。再加上
大量生长的红荆梅属（*Geissois*）、刺桐属、扁担杆属、盐麸
梅属（*Windmannia*）、新西兰坚木（*Hartighsea*）、山蚂蝗属
（*Desmodium*）、相思树属（*Acacia*）、圆印木属（*Cyclostigma*）、
马利筋属（*Asclepias*）、山橙属（*Melodinus*）、番樱桃属
（*Eugenia*），和蝎尾蕉属、唇囊蕨属（*Marattia*）等植物，都为

我的行程增加了很多乐趣。

　　"示范农场"的许多部门都由劳改犯运营和管理。一位绅士，布唐先生带我参观了他管理的粮仓，这个农场能生产10—12吨品质上乘的大米。据说每英亩的平均产量有3吨，一年收两季。种植水稻对土壤的湿度要求较高，尽管"示范农场"在引水灌溉上下了些功夫，但是我注意到（尽管我只待了一天），有些适合种植水稻的地方却没有下力气、花工夫做。此外，我认为当地人也应该重视甘蔗和咖啡豆种植，尤其是可以从政府手上以如此便宜的价格买到上乘的土地，而价格低廉的劳改犯劳动力对某些人来说也意味着绝佳的机遇。我还参观了这里的植物园，在殖民期能建立这样一个植物园，委实值得称道。植物园坐落在山边，可以俯瞰小镇，还可以俯瞰整个港口的美景。植物园旁边，正对着主干道，种植着一排长势很好的印度凤凰树和马达加斯加凤凰树，这种树在开花时，一定会成为一道亮丽的风景。

从植物园大门向外望去，能在通往总督官邸的主路两旁，发现几棵无精打采的橘子树。在街道交错口的每个角落，都能看到细彩红桑（*Acalypha tricolor*），它们火红色、棕色、绿色呈条纹状或斑点状的巨大叶片不仅把其他植物的叶片衬托得光鲜亮丽，叶子本身也比我在它的原产地斐济群岛看到的更加好看。正对着官邸，种植着一排朱蕉，与它们交错生长的还有五颜六色的巴豆和一品红（*Poinsettia pulcherrima*）（当时正处于盛花期），也是一道绚丽的风景。整个植物园占地8—10英亩，可能即将被扩建。虽然不大，但在赤道附近的植物园中还是占有一席之地的，值得一提。在我大步流星、走马观花的行程中，几种植物格外引人注意，分别是山扁豆和金合欢，和最近才被发现的原产于当地、树形矮小但生长茂密的南洋杉——马松子属（*Melochia*）和象橘属（*Limonia*）。沿着一座小木桥生长的香荚兰属（*Vanilla aromatica*）一派欣欣向荣，旁边有一棵长势良好的海岸桐（*Guettarda speciosa*），我在许多其他岛屿都见过这种树。茜木（*Pavetta Indica*）和番樱桃属（*Eugenia horizontalis*）这两种美丽的灌木也值得一提，绽放的洋金凤（*Poinciana pulcherrima*）花朵也十分迷人。扁轴木（*Parkinsonia aculeata*）、假马鞭（*Stachytarpheta Fischeriana*）和一小棵拉塔尼亚芭蕉（*Latania*），与绽放着美丽花朵的文殊兰属（*Crinums*）植物相映生辉。样貌奇特的虎尾兰属（*Sanseviera*）、紫露草属（*Tradescantia*），还有刺果番荔枝和番荔枝（*Anona muricata and squamosa*）、蛋黄果属（*Lucuma*）、杧果（*Mangifera Indica*）、枣属（*Zizyphus*）等果树齐聚一堂，别有趣味。返程路上，结着漂亮浆果的小粒咖啡（*Coffea Arabica*），映衬着育枝榕（*Ficus prolifera*）、金合欢（*Acacia Farnesiana*），最引人注目。我对秋葵属（*Abelmoschus sabdalifera*）、算盘子属（*Glochidion*）、大花田菁（*Agati grandiflora alba*）、鹰叶刺属（*Guilandina*）、木棉（*Bombax*）、樟树（*Cinnamomum*）、牡荆树（*Vitex*）等也非常感兴趣，我确信之前见过这些植物，只不过是很久以前的事了。

几个小时后，我们就离开了法兰西港，结束了这次乐趣无穷的旅行，8 天后到达杰克逊港。我的这篇文章不过是对

"挑战者"号四个月的巡航之旅进行了走马观花般的粗略记录，而正如我在开篇提到的，我们在每个岛上的逗留时间很少超过三天，若非时间局促，我一定能收集更多的活体植物标本。尽管如此，我依然可以毫不犹豫地宣布，我已经大获成功，收集并完好无损地带回了迄今为止在南太平洋群岛上收集到的数量最多、最精美的植物样本。

《原住民村落》，加法叶绘，1868 年

附录：分类学和植物学命名法

罗杰·斯宾塞博士，高级园艺植物学家，维多利亚皇家植物园

植物分类和命名的基础在于对植物进化关系的理解。随着科学研究的进展，我们关于植物进化的知识也在进步，这种进步往往反映在植物命名的变化上。

▶《植物性别系统》
摘自《植物系统》
卡尔·林奈，乔治·D.埃雷特绘，1736 年
A.单雄蕊纲 B.二雄蕊纲 C.三雄蕊纲 D.四雄蕊纲 E.五雄蕊纲 F.六雄蕊纲 G.七雄蕊纲 H.八雄蕊纲 I.九雄蕊纲 K.十雄蕊纲 L.十一雄蕊纲 M.十二雄蕊纲 N.十三雄蕊纲 O.十四雄蕊纲 P.十五雄蕊纲 Q.十六雄蕊纲 R.十七雄蕊纲 S.十八雄蕊纲 T.十九雄蕊纲 U.二十雄蕊纲 V.二十一雄蕊纲 X.二十二雄蕊纲 Y.二十三雄蕊纲 Z.二十四雄蕊纲

Clarisf: LINNÆI. M.D.
METHODUS plantarum SEXUALIS
in SISTEMATE NATURÆ
descripta

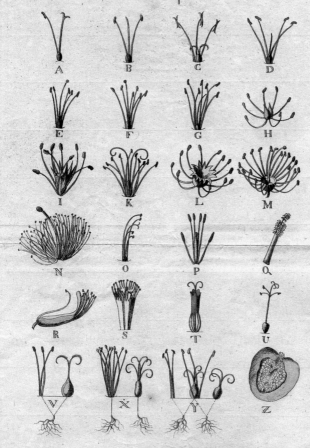

Monandria.

Diandria.

Triandria.

Tetrandria.

Pentandria.

Hexandria.

Heptandria.

Octandria.

Enneandria.

Decandria
Dodecandria
Icofandria

Polyandria

Didynamia

Tetradinamia

Monadelphia.

Diadelphia.

Polyadelphia

Syngenefia.

Gynandria.

Monoecia.

Dioecia

Polygamia.

Cryptogamia

Lugd. bat: 1736

G. D. EHRET. Palat-heidelb:
fecit & edidit

这确实意味着大家会经常遇到新的名称。你读的书或文章年代越久远，其中的名称可能越过时。

从加法叶的年代发展至今，命名法规则上一个明显的变化就是学名的首字母普遍使用小写字母。对于加法叶来说，按照当时的惯例，专有名词的首字母都要大写。然而现在，*Mangifera Indica* 被写成 *Mangifera indica*。另一个现在流行的植物学惯例是用斜体书写物种的学名。

加法叶使用的"目"（Orders）一词现在已经被"科"（Families）所取代。因此，书中第 14 页底部的句子现在应该表述为："植物主要分为锦葵科、桃金娘科、椴树科、无患子科、五加科、香橙亚科、豆科、百合科、大戟科、菊科和荨麻科。"

加法叶使用的学名	对应的现代学名	中文
Acalypha tricolor	*Acalypha wilkesiana*	红桑
Achras sapota	*Manilkana zapota*	人心果

续　表

加法叶使用的学名	对应的现代学名	中文
Agati grandiflora alba	*Sesbania grandiflora 'Alba'*	大花田菁
Anona squamosal	*Annona squamosa*	番荔枝
Araucaria Cookii	*Araucaria columnaris*	柱冠南洋杉
Artocarpus incisa	*Artocarpus altilis*	面包树
Arum esculentum	*Colocasia esculenta*	芋头
Arundinaria	*Asclepias curassavica*	马利筋
Bambusa Arundinacea	*Bambusa arundinacea*	貌子簕竹
Carica Papaya	*Carica papaya*	番木瓜
Cassia obtusifolia	*Senna obtusifolia*	钝叶决明
Cassia occeidentalis	*Senna occidentalis*	望江南
Cedrela velutina	*Toona ciliata*	红椿
Citrus Limonum	*Citrus limon*	柠檬
Clerodendron inerme	*Clerodendrum inerme*	苦林盘，苦郎树
Cocus nucifera	*Cocos nucifera*	椰子
Coix Lachrima	*Coix lachryma-jobi*	薏苡
Cookia (a genus sea snail)		库克头巾螺（大型海螺属）[1]
Corypha Australis	*Livistona australis*	澳洲蒲葵
Dammara obtusa	*Agathis macrophylla*	大叶贝壳杉
Davallia Fijensis.	*Davallia fejeensis*	斐济骨碎补属
Eranthemum tuberculatum	*Pseuderanthemum tuberculatum*	山壳骨属

---

[1] 一种海螺科的海洋腹足类软体动物，该属以詹姆斯·库克船长命名。

加法叶使用的学名	对应的现代学名	中文
Erythrina indica	*Erythrina variegata*	刺桐
Eugenia Malaccensis	*Syzygium malaccense*	马六甲蒲桃
Euphonia Lichee	*Litchi chinensis*	荔枝
Excoecaria Agallocha	*Excoecaria agallocha*	海漆
Hibiscus Lambertii	*Hibiscus rosa-sinensis* 'Lambertii'	"兰伯特"木槿
Hibiscus Wrightii	*Hibiscus rosa-sinensis* 'Wrightii'	"莱特"木槿
Ipomoea Batatas	*Ipomoea batatas*	番薯
Jatropha Manihot	*Manihot esculenta*	木薯
Latania Borbonica	*Latania borbonica*	红脉葵属
Mimosa sensitiva	*Mimosa pudica*	含羞草
Nephrodium	*Dryopteris*	鳞毛蕨属
Paritium tiliaceum	*Hibiscus tiliaceus*	黄槿
Phaseolus albus	*Phaseolus coccineus* 'Alba' (or *Melilotus alba*)	白花草木樨
Polypodium diversifolium	*Microsorum diversifolium*	星蕨属
Pritchardia Pacifica	*Pritchardia pacifica*	金棕
Quamoclit coccines	*Ipomoea quamoclit*	茑萝
Smilax	*Asparagus asparagoides*	卵叶天门冬
Vigna lutea	*Vigna marina*	滨豇豆

香蕉树与果实，昆士兰与斐济，加法叶绘

朱利叶斯·L.布伦奇利

模范农场,法兰西港,新喀里多尼亚(岛)(南太平洋)

《阿皮亚周边风光》，萨摩亚，加法叶绘，
约 1868 年

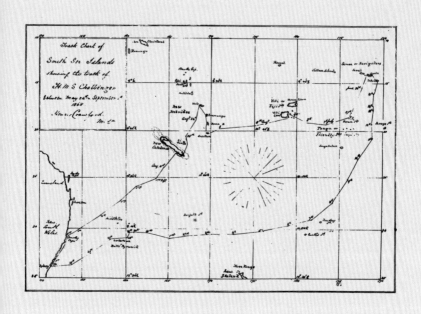

海军候补少尉亨利·克劳福德,《南太平洋岛屿航路图——英国皇家舰队"挑战者"号 1868 年 5 月 24 日至 9 月 4 日期间的航迹图》

第二章
部落与文明

通过年轻的西方人的视角，威廉·罗伯特·加法叶看到了一个和他所处的完全不同的世界。从悉尼的花园苗圃启航，他乘坐英国战舰穿越太平洋，游历各岛。这艘英国皇家"挑战者"号隶属于英国海军，舰上载有海军陆战队官兵。加法叶应兰伯特准将的邀请，作为植物学专业顾问，加入探险队。

19世纪，法国、英国和其他世界强国热衷于通过殖民、投资，以及向他们感兴趣的原住民统治者提供咨询建议等方式，扩大他们在当地的影响。

此外，信仰之战也在上演。基督教会、罗马天主教和新教教会在包括汤加和斐济在内的太平洋群岛都派驻有传教士。这些传教士都认为他们的信仰最能代表基督教的价值，所以不遗余力地游说当地居民改信基督教。[①] 在有些地方，如果一

---

① 原注：详见布伦奇利所著《1865年英国皇家舰队巡游南太平洋岛屿库拉索岛札记》，第123–124页。布伦奇利在书中写道："卫斯理教和罗马天主教传教士之间的斗争尤其激烈。他们之间的恩怨争斗，从詹姆

个人的选择或信仰被认为是和正确的信仰相左的异端邪说，就会受到地狱之火的威胁。必须承认，在多数情况下，传教士表现出了极大的个人勇气，无私地致力于改善原住民的命运。

"挑战者"号的任务是提醒太平洋各岛国人民，英国强大的军事力量致力于保障英国和其他西方国家人民的安全和福祉。这场"旗帜展示"（以及枪支展示），将对当地民众针对外国人发起的动乱发出有益的警告，尤其向贝克牧师在斐济遇害一事拉响警笛。

斯·卡尔弗特牧师在斐济的传教工作中可见一斑。英国皇家舰队'卡利俄佩'号的 J. 埃弗拉德·霍姆爵士访问雷瓦期间，当地的牧师写信给他，抱怨卫斯理教会传教士的行为，其中包括经常展示被他们称为'残暴的天主教教皇'在过去施行暴行的照片。这位英勇的军官虽然在答复中对此不置可否，但他警告这位牧师：'我和我舰队上的几名军官，都见过牧师挂在汤加塔布的家里的一幅画，画中有一棵树，那些不遵守教皇教会的人，都从树枝上坠入地狱之火中。'这就是信徒之间互相争斗的武器，打着慈悲与善意的名义传播其信奉的宗教，然而这些武器也恰恰是宗教日渐走向堕落的证明，迟早有一天，这个残酷的社会将严令禁止这些人践踏基督教高尚的初衷与追求。"

　　这也是英国军舰在19世纪进行的系列巡航中最近的一次，无疑是为了支持为维多利亚女王陛下效命的、各太平洋岛国领事的工作。朱利叶斯·L.布伦奇利曾写了一篇文章，记录了英国皇家舰队"库罗索亚"号1865年的巡航。

　　在汤加王国，国王会对西方列强的活动和计划保持高度警惕。毋庸置疑，斐济的国王同样如此。塔坎巴乌国王1854年开始信奉基督教，他带领部落摆脱多神教和食人俗。然而，正如斗争的亲历者加法叶在本书中所述，在雷瓦河上与玛蒂亚洛博部落发生的严重冲突表明，塔坎巴乌作为部落主要首领的权威岌岌可危。截至1868年，这些群岛的岛民、汤加和斐济国王都对西方产生了浓厚的兴趣，既觊觎这些"访客"的枪支和"战船"，也意识到应该学会与西方人打交道，并且开始研究他们截然不同的政府和法律规则。在很短的几年时间里，1874年，斐济群岛的主权被授予维多利亚女王，斐济成为英国王室的殖民地。

除了记录南太平洋诸岛的植物，加法叶还向澳大利亚报纸投递了几篇关于他对这些岛民及其处境进行观察的文章和绘画作品。他的画作《玛蒂亚洛博部落与英国皇家"挑战者"号的冲突》被刊登在 1868 年 10 月 3 日发行的《悉尼新闻画报》上，同时还刊发了一篇文章，描述了当时的冲突是由于有人强行登上"挑战者"号，试图帮助斐济国王塔坎巴乌维护其主权所引发的。

澳大利亚报纸帮助满足了该国民众对企盼开放太平洋地区旅游和贸易的渴望。相信读者对下文摘选的当时刊发的报纸文章和人物简介也会很感兴趣，其中涉及汤加国王乔治·图布一世及其儿子特维塔·尤加，斐济国王塔坎巴乌和他的儿子约瑟夫·塞卢亚王子。

Source: *Illustrated Australian News*, 12 October 1868, page 12.

斐济群岛与斐济人

　　大家对斐济群岛的方方面面展现出了极大的兴趣，我们在此向读者展示一些版画，要特别感谢刚刚完成旅行的富兰克林先生提供的手绘作品。

　　最近人们对斐济的关注在很大程度上源于墨尔本一家公司的活动，该公司致力于促进移民在斐济群岛定居，以及开发岛上资源。帮塔坎巴乌偿还拖欠美国政府的债务后，他们在岛上得到了大片土地，并承诺将以合理的价格卖给打算定居的移民者，并提供其他开发和商业设施。我们相信，斐济即将迎来一个千载难逢的新纪元。我们欣喜地发现，随着移民同胞人数的大量增加，岛民一定会用当地的土特产与我们的商品进行贸易交换，最终该殖民地一定会受益。

这里地处南纬18度，全年中有九个月的平均气温不会超过80华氏度，棉花长势喜人，甘蔗产量丰盛，咖啡豆质量上乘，茶叶随处可见，近百种热带作物生长繁茂，乘蒸汽船航行只需九天即可到达。如果你正在寻找适度投资的对象，并且能忍受炎热气候、吃苦耐劳，这里得天独厚的优势条件绝对值得考虑。

关于大批加利福尼亚州和美国南部各州的民众移民到斐济群岛的谣言正在变为现实。最新消息显示，大批蔗糖和棉花种植者也正在慕名蜂拥而至，对此我们并不感到惊讶，而令人不解的是，这就发生在不久之前。来自美国南方各州的定居者即将在这里安居乐业，而精力充沛的加利福尼亚人只要"挥挥锄，动动土"，就能很快获得收益。建设中的横贯美洲大陆东西的铁路工程,将在旧金山建设终点站,预计于1869 年 7 月竣工。此外,一条连接旧金山与新西兰的海上航线即将建成,斐济的一个优质港口将成为停靠点。这些新工程将大大提升目前巴拿马航线的运力,也必将成为吸引人们前往斐济的重要途径。

Original text and sketch contributed by William Guilfoyle,
Illustrated Sydney News, Saturday 31 October 1868, page 12.

斐济原住民

　　博伊德先生陪我在奥瓦劳岛的一座山上散步，他整个晚上都在忙着收集蜘蛛，怀特上校忙着搜寻蝴蝶，我和富兰克林先生则在寻找蕨类植物。我们沿着蜿蜒曲折的小溪往回走，不到半英里，我们来到了莱武卡（奥瓦劳岛上一个与欧洲同名小镇毗邻的小镇）的一个原始村落，我们正谈论着一路发现的自然奇观，突然听到左边小溪里传来了尖叫声。我们的当地向导，身上满载着我们收集的物种，快步走在前面带路，我们紧随其后，来到小溪拐弯处的声源地。起初我们以为是有人不幸从岸边的高处摔了下来，但很快发现并非如此。六个混血女孩正在开心地跳水，水深十到十二英尺，她们从岸边跳入水中，一会儿头朝后，一会儿头朝前，不过通

《莱武卡女孩潜水记》，加法叶绘，1868 年

常都是双脚朝下。这些女孩儿比我见过的任何男子都更灵活、更擅长跳水。一个女孩一跃而起，潜入水中，她浮潜的时间长到足以使一个白人在水中窒息，随后她露出水面，举起双手，挑衅地看着岸上的人，好像在说"不服气的话，跳进来试试"。岸上的一个女孩立刻就明白了她的意思，纵身一跃，紧接着，另一个女孩也跟着跳了下去，潜入水底，好几秒钟不见踪影。我们在这里站了半个小时，饶有兴趣地欣赏着这如诗的画面。美丽的面包树和椰子树叶片，把这景致映衬得更加动人，泛着银色光泽的棕榈叶片优雅地垂落在我们上方，像是给整个画面打上了高光。此情此景，让我忍不住将其记录在我的笔记本上。

原始文章和素描图由威廉·加法叶提供，《澳大利亚新闻画报》，1868 年 10 月 31 日星期六，第 12 页

Illustrated Sydney News, 24 December 1853, pages 4 – 5.

汤加友谊群岛乔治·图布一世国王

陶法阿豪国王最初只统治哈拜群岛，他的亲戚弗诺去世后，他继承了瓦瓦乌群岛的政权。约西亚·图普去世后，汤加群岛也成为他的领土。这两位国王在临终前都承认乔治是图布托亚的合法继承人，让他继承了自己的土地和人民。1845 年 12 月 4 日，在隆重的加冕仪式上，乔治登上汤加群岛的王座，世袭"图伊卡诺库珀鲁"头衔。在汤加人看来，这个头衔的地位比国王更尊贵，相当于我们所称的皇帝。民愿所归，乔治国王继承了父亲的王位。作为一位信仰基督教的国王，他统治下的人民乐观上进。乔治国王致力于与悉尼的一些政党开展直接的商业合作，出售岛内土特产品，促进文化交流……岛上的棉花和咖啡豆产量丰富，甘薯产量也可以满足每年数百吨的市场需求。经过机械加工，椰子油每年也可以实现大规模量产。……国王特别希望英国政府能够继续庇护汤加群岛，因为另一个欧洲大国在南太平洋的动向令他和岛民感到担忧。

《悉尼新闻画报》，1853 年 12 月 24 日，第 4-5 页

"挑战者"号兰伯特准将无法安排与汤加国王乔治会面：

1868 年 7 月 5 日星期日，瓦瓦乌友谊群岛

7 月 2 日收悉，汤加乔治国王陛下十分高兴我能到访瓦瓦乌群岛，希望能在我离开汤加之前进行会面。已收到本月

2 日我抵达瓦瓦乌时发出的确认函。我被告知，国王陛下每天都会接见来自汤加的访客。因此，我已在瓦瓦乌等候陛下10 天，然而由于我此次在南太平洋群岛逗留的时间有限，非常遗憾将不能访问汤加。

节选自兰伯特准将记录于船舶记录材料中的海军准将信件。

朱利叶斯·L. 布伦奇利是"库罗索亚"号皇家舰队1865 年在南太平洋诸岛航行时的官方观察员。他记录了汤加国王乔治访问英国舰队时的情形：

国王来与舰长（威廉·怀斯曼爵士）共进晚餐，晚宴极尽奢华……尽管国王曾到访悉尼，在那里见过冰块，但国王从未喝过冰镇香槟。因此当国王品尝舰长递给他的冰镇香槟时，既惊奇又兴奋，但他只是浅酌几口，除了因为他克制饮酒以外，还因为他更习惯在自己家里喝葡萄酒和香槟。总而言之，国王的举止文雅，衣着得体，他知道如何与绅士社交，全程不卑不亢。船上的乐队在晚餐期间全程演奏……他（国

莱武卡，斐济群岛，朱利叶斯·L.布伦奇
利绘，1865 年

王的秘书莫斯先生）告诉我们，国王不信任法国人，他们曾把国王邀请到一艘船上，故意把他灌醉，诱使他签署了一份他原本拒绝，或在清醒状态下绝对不可能签署的文件。因此，正如莫斯先生所说，国王不喜欢法国人，尤其在他认为被法国人愚弄后，对法国人厌烦有加。[①]

加法叶还提及与汤加（友谊群岛）乔治·图普一世国王之子特维塔·尤加（1824—1879）的会面。尤加在皈依基督教后取西方名字大卫。1868年他担任瓦瓦乌代理总督。1875年，他成为汤加王国王储，并于1876年被任命为汤加第一首相。他改编的歌词后来成为汤加王国国歌。

---

① 原注：节选自朱利叶斯·L.布伦奇利，《英国皇家海军舰队"库罗索亚"1865年在南太平洋巡航期间杂记》，伦敦朗曼格林，1873年，第117–118页。

Illustrated Sydney News, 3 October 1868, page 56.

斐济国王塔坎巴乌

现在为大家所熟知的斐济国王实际上是一位部落酋长。他之所以威望卓著，是因为他统治的岛屿在斐济群岛中占地最大，同时主要港口坐落于此，大多数欧洲移民居住于此。他向英国政府提议割让部分斐济领土给英国，条件是英国政府向美国政府支付一笔赔偿金，以补偿岛民对美国公民犯下的暴行。

在与英国内政当局的通信中，塔坎巴乌被以君主相待，随后他也接受了这一荣誉头衔，但其实他并无实权。在卫斯理教会传教士的努力下，国王及其大多数臣民改信基督教，在重要问题上他也总是和传教士商议。

他似乎渴望文明的福祉能够传遍整个波利尼西亚，在近期与斐济公司代表的谈判中，其中一项条款规定该公司须送国王的一个儿子去墨尔本（原文悉尼）上学。

瑟鲁·埃潘尼萨·塔坎巴乌（约 1815—1883 年）是斐济拉图部落的最高统治酋长，在他的领导下，斐济部分交战部落团结起来，于 1855 年建立了统一的斐济联合王国。

瑟鲁·埃潘尼萨·塔坎巴乌，也被称为斐济国王塔坎巴乌（塔孔鲍），约 1875 年

在汤加国王的帮助下，塔坎巴乌打败了那些反对他自称为斐济国王或最高酋长的部落首长。皈依基督教后，他赦免了一批曾经在仪式上羞辱、杀害甚至残食民众的酋长，并邀请他们加入酋长会议，不料这些人却极力反对他的统一计划。1871 年，他建立莱武卡为斐济首都。

1868 年"挑战者"号与玛蒂亚洛博部落发生冲突时，塔坎巴乌是时任斐济国王。

1874 年，斐济成为大英帝国的殖民地。

Illustrated Australian News, 12 October 1868, page 12.

斐济国王塔坎巴乌的官邸

巴乌岛（bau，或者 Mbau，字母 b 前如果没有字母 m 就不发音），是一个全长不到一英里的小岛，与主岛维提岛通过一片长长的珊瑚礁相连，这片珊瑚礁在低水位期时几乎干燥，在高水位期时可以涉水通过。

小镇与小岛同名，是斐济最吸引人的岛屿之一，岛上大部分地区不规则地排列着大小不一的房屋，有屋脊高耸的高大庙宇，也有简陋的独木舟小棚。在占地五十英亩的小岛上，房屋鳞次栉比，厚重的石板可以防止海水的侵蚀。巴乌岛是斐济的政治中心。

这里是政治首领，也被称为国王塔坎巴乌的官邸所在地。他的房子在我们的版画中很显眼，因为他的房子最大。旗杆旁的小房子是圣约翰先生的住所，他曾是国王的私人秘书，现在是一名棉花种植园主。泰特牧师也住在这里，他是国王的牧师和顾问，也是国王最信任的人。

最高统治酋长塔坎巴乌的官邸，弗雷德里克·奥古斯都·富兰克林绘，1868 年

Illustrated Australian News, 12 October 1868, page 12.

塔坎巴乌官邸的室内结构

　　或许能称得上是斐济最著名的名胜的就是国王的官邸，当然它也是斐济最好的具有本土特色、工艺精湛的建筑物。国王官邸规模宏大，由巨大的柱子支撑。尽管它大到可以容纳 2000 人，但看起来很温馨舒适。屋内摆有精致的家具，比起椅子，人们更喜欢坐在干净的地毯上。国王从容而又器宇轩昂的风度令人难以忘怀。他显然是位精明、聪慧之人，毫无疑问，他也被认为是斐济本土商业领域最好的外交家。王后住在旁边相对较小的房子里，不仅位高权重，体重也不轻，她的体重一定不低于 16 英石，也许有 18 英石。这位王后开朗乐观，长相聪慧，深受当地人的爱戴。

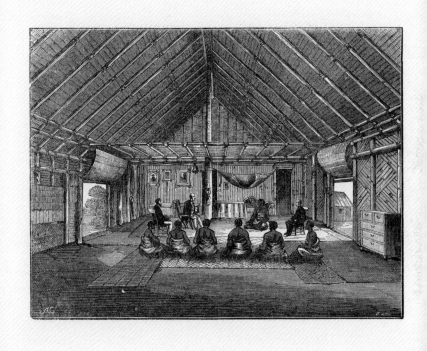

塔坎巴乌官邸的室内结构，弗雷德里克·奥古斯都·富兰克林绘，1868 年

Illustrated Australian News, 12 October 1868, page 13.

莱武卡,斐济王国的商业首都

　　莱武卡,是斐济目前的主要定居点,位于奥瓦劳岛,在过去几个月里,大批领事和商人居住在这里,使它的地位愈显重要。卫斯理教会的主席和另一位传教士也住在这里。莱武卡有六家商店、五家酒店、一个图书馆、一座教堂和大约四十座房屋。然而,如果波利尼西亚公司开始在岛内运营,首都预计会搬到主岛维提岛的苏瓦市。

莱武卡，斐济的商业首都
"海岛的小山丘上建有图书馆和教堂，W. 摩尔牧师富丽堂皇的官邸坐落在它们后方高耸的弗农山中，这里是欣赏斐济秀美风光最好的观景点之一。"

托马斯·威廉姆斯牧师

托马斯·威廉姆斯是卫斯理教会的传教士，也是在塔坎巴乌国王1854年改信基督教前最了解斐济早期多神教文化的权威。作为牧师理查德·伯兹尔莱斯博士的亲密伙伴，威廉姆斯在1840年至1853年，在拉坎巴，索摩

托马斯·威廉姆斯牧师（1815—1891）蚀刻画，莱昂内尔·林赛绘

索摩和巴乌工作。因对这里的战争、同类残食、扼杀寡妇以及敌对反抗感到绝望，他选择返回悉尼。[①] 他细致描绘的手稿《岛屿与居民》，被传教士詹姆斯·卡尔弗特带到了伦敦，并于1858年更名为《斐济与斐济人：斐济群岛及其岛民》后被出版。他的日记，由牛津郡的文学硕士G.C.亨德森编辑，于1931年出版。

———————————

① 原注：冈森。

卡 瓦

威廉·罗伯特·加法叶在《南太平洋群岛的植物学之旅》中提到了卡瓦胡椒[①]（胡椒科植物）。托马斯·威廉姆斯牧师在他的名为《斐济与斐济人：斐济群岛及其岛民》的民族学研究中记录了更多细节：

斐济酋长战争和舞蹈时佩戴的头饰，选自托马斯·威廉姆斯牧师日志，约 1850 年

① 译者注：卡瓦胡椒：是胡椒科多年生直立灌木类药用植物，产于南太平洋诸岛，根和根茎入药，有效部位为脂溶性树脂部分。近年来卡瓦胡椒被世界上很多国家的人当作食品补充剂，用来调节压力、焦虑、抑郁等失眠问题和心理问题。

　　和东边的岛民一样，斐济人也喝卡瓦酒①，在汤加语和其他原住民语言中通常被称为艾瓦（ava）或卡瓦（kava）。然而，在斐济，它被称为雅格纳（yaqona）。在斐济群岛大多数地区，酋长们经常饮用卡瓦酒，就像我们天天喝咖啡一样，只有瓦努阿莱芜岛（Vanua Levu）②和维提莱芜岛部分地区属于例外。

　　与其他地方相比，在萨莫索马岛，卡瓦这种镇静剂被人们以多种形式利用。清晨，国王的传令官站在王宫前，大声呼喊"雅格纳"！听到这个信号，酋长、牧师和头领们都聚集在著名的大碗周围，商讨或汇报当天分配的工作，此时他们最爱的卡瓦酒已经准备就绪。（第一卷，第141页）

　　布伦奇利关于1865年"库罗索亚"号皇家舰队准将威廉·怀斯曼爵士接受斐济酋长塔坎巴乌赠予大卡瓦碗（三角

---

① 译者注：卡瓦酒：用产于南太平洋群岛（斐济、瓦努阿图等地）的一种卡瓦胡椒，取根部磨碎成粉用水调制而成的。卡瓦酒不含酒精，是纯植物小剂，喝了卡瓦酒后舌尖会先麻木，继而精神镇静、全身松弛。
② 译者注：瓦努阿莱芜岛（Vanua Levu）：斐济第二大岛，位于主岛维提莱芜岛以北约64公里处，面积5587.1平方公里，岛上主要城市为拉巴萨斯和萨乌萨乌。

大圆鼎）的描述：

　　塔坎巴乌表情不仅毫不凶残，甚至还表现出平和愉悦，显
露出完全符合现代文明的性格，很难想象他曾经是个食人族，
习惯用棍子指着皇家储藏室里那些被头朝下悬挂的尸体，看看
谁有幸能成为他的大餐。他和准将一番客套寒暄后，互相交换
了礼物。准将送给塔坎巴乌他自用的步枪，一支韦斯特利·理
查兹步枪，塔坎巴乌大悦，把他的大卡瓦碗作为回赠送给准将。
在野蛮时代，这个国家盛大的仪式和神秘事件都是在这个大碗
旁完成的。正是在它的见证下，塔坎巴乌的祖先与这位酋长本

斐济大卡瓦碗，朱利叶斯·L.布
伦奇利，1865 年

人，即便不是真正意义上的加冕，也是在这里登基称帝，宣告主权。毫无疑问，这个大碗曾目睹了多少令人毛骨悚然的放纵狂欢，曾见证了多少惨绝人寰的杀戮荼毒，碗底的三支木腿沾满了人类的鲜血。(朱利叶斯·L.布伦奇利，《英国皇家海军舰队"库罗索亚"号1865年在南太平洋巡航期间杂记》，伦敦朗曼格林，1873年，第162-163页。)

Illustrated Sydney News, Saturday 3 October 1868, pages 7, 9.

与玛蒂亚洛博部落交火
斐济德乌卡，1868 年 7 月 29 日

　　英国皇家舰队"挑战者"号在完成漫长的南太平洋巡航后，于 6 月 7 日返回悉尼。巡航期间，先后到访斐济、瓦瓦乌群岛、新赫布里底群岛和新喀里多尼亚群岛。本次巡航最重要的任务是访问斐济，由兰伯特准将批准通过斐济公司与塔坎巴乌国王签订的条约，同时解决斐济当地原住民对欧洲定居者恣意妄为的问题。一位绅士已向我方提供了关于后者的详细资料，详细描述了例证，在此应该感谢加法叶先生。

　　兰伯特准将抵达奥瓦劳岛后，莱武卡的代理领事瑟斯顿先生向他汇报了雷瓦河地区原住民的种种罪行。这些原住民

是积习难改的食人族，自从贝克牧师被杀害后，他们抢劫掠夺，已经对雷瓦河流域的白人定居者犯下了滔天大罪，构成了极大的威胁。在最近一次暴行中，他们用棍棒打死两人，驱赶大批定居者，烧毁他们的房屋，摧毁了他们的棉花种植园。

《澳大利亚新闻画报》中的另一篇文章记录了普弗卢格先生的经历。他是德国人，从玛蒂亚洛博部落酋长手中购买了雷瓦河岸边的一块地。在自己购买的土地上安家前，他支付了地税，还登记了所有权。几个月前，该部落突然造访，在他已经购买的一块土地上建了个村庄（恩杜卡）。多次交涉后，这些原住民依然拒绝放弃占用该土地。向塔坎巴乌国王上诉无果后，代理领事瑟斯顿先生表示他只能承诺，利用他的影响力劝说当地原住民遵守销售承诺。所有的抗议都无疾而终，就连威胁也徒劳无功。当威胁他们战舰将派遣船只来教训他们时，这些当地人说："让他们来！看看他们有没有本事能过来！"距离德乌卡村庄约 15 英里的河流下游地区，水势非常复杂，布满浅滩和湍急暗流，所以他们的回答并不是凭空臆造。①

　　英国皇家领事（瑟斯顿先生）想利用兰伯特准将访问奥瓦劳的机会建议，如果装备精良的"挑战者"号舰队船能沿雷瓦河来到德乌卡，将对当地人造成有效的警示和震慑，让他们今后不敢再为非作歹，并向他们证明，我们的战舰可以克服任何急流险阻，逆流而上。目前，领事、白人定居者和那些当地人都认为只有独木舟才能穿越急流到达这里，而且他们认为，只要按照建议行事，并且带上一位友好的酋长，问题与隔阂就可以得到妥善处理，甚至他们（原住民）今后

_____

① 原注：《与斐济恩杜卡的原住民部落交火，7 月 29 日》，《澳大利亚新闻画报》，1868 年 10 月 12 日，第 8 页。

也能相安无事，不敢妄为。

　　《澳大利亚新闻画报》进一步报道，"挑战者"号离开奥瓦劳岛时，瑟斯顿先生和塔坎巴乌国王已经达成一致，安排舰队为领事保驾护航，一旦瑟斯顿先生和平解决冲突的计划失败，舰队将纵火烧毁村庄。玛蒂亚洛博部落似乎已对此有所觉察，他们把妇女和小孩送到山里，并集结了德乌卡所有具备战斗能力的成年男子，以及他们的火枪和弹药。

　　根据当地的文化传统，在传统地界内重新布局小型村庄合情合理，在发生争端后火烧村庄也不足为奇。1865 年，塔坎巴乌建立政权时期，朱利叶斯·L.布伦奇利在他的《英国皇家海军舰队"库罗索亚"号 1865 年南太平洋巡航期间杂记》中写道："我们离开之前，得到消息，塔坎巴乌（原文如此）的士兵已占领了 11 个村庄和城镇，他们在等待塔坎巴乌焚烧

村庄的命令。"（第 164 页）

　　因此，带着这些作战计划，秉承"除非正当防卫，否则
绝不乱杀"的原则，"挑战者"号行驶抵达雷瓦河河口。7月
27 日清晨，一支由查尔斯和布朗里格船长指挥，十名军官、
五十五名水手和大约三十名皇家海军陆战队士兵组成的突击
队奉命出发。他们乘坐四艘舰船，其中最大的一艘搭载着一
架十二磅的阿姆斯特朗炮，和九磅的舰载艇。随同启程的
军官包括负责指挥的布朗里格船长、贝尔中尉、艾雷中尉、
M. L. J. 中尉、威廉姆斯和亨德森少尉、麦劳林医生和沃医生，
以及几名初级军官。领事和许多定居者也随同出发，他们大
多没有携带武器，表明他们意在和平解决冲突，而原住民们
是否也有此意则不得而知。

　　海军陆战队装备了新型后膛枪，那天早上九点，舰队驶

离"挑战者"号，海军陆战队登陆洛托巴岛。登陆是为了在船只穿越浅滩时，尽量减轻其重量。半个小时后，船只顺利穿越浅滩，与此同时，海军陆战队已行进至与船只会合，他们再次登舰后，舰队开始沿河前进。十点三十分左右，舰队经过雷瓦镇，并继续向杜比利布行进。杜比利布是已故牧师贝克先生的居住地，人们不会忘记，他是被玛蒂亚洛博（原文如此）人杀害的。

　　大约在下午一点三十分抵达杜比利布，借助微风，舰队起帆航行，但一小时后风停了，船员们只得划桨前行。当行进到距离谢伍德不到一英里的地方，发现瓦伊迪纳河与雷瓦河交汇于此，天快黑了，于是舰队决定抛锚过夜。第二天早上五点，舰队启程出发，经过三个小时的艰苦航行，在史密斯先生的棉花种植园抛锚吃早餐。

舰队于 9 点抵达瓦利亚，这个小镇上的部落实力强大，领事热切期望这里的部落酋长拉塔·萨瓦纳卡可以跟随舰队前往德乌卡。然而，这位大人却不见踪影，耽搁了一会儿后，他的兄弟出现了，主动表示愿意随队同行。

　　在距离这里大约半英里的地方，河水开始变得湍急，玛蒂亚洛博部落的人原本坚信战舰根本不可能穿越急流。然而很快，他们恍然大悟，正如那些可怜的定居者期待的，舰队通过了急流，但过程却异常艰辛。

　　舰队还没行驶多远，就被阻滞在沙床上，河水只有 18 英寸深，而那艘最大的舰艇吃水 3 英尺 6 英寸。现在别无选择，只能把船拉过去。于是所有人，无一例外，全体出动一起拉船。桑威奇群岛上正在棉花种植园工作的人，也被定居者派来帮忙，经过一个小时的艰难努力，大船终于得以重新漂浮

F.C.TERRY

摘自《与玛蒂亚洛博部落交火》，加法叶，版画，F.C. 特里绘

河面。可从天而降的倾盆大雨，让原本艰难的行动雪上加霜。尽管如此，所有人还是齐心协力，有的用力推船，有的用纤绳拉，最终把船拉出险滩，经过一天艰苦卓绝的努力，晚上舰队终于在距离德乌卡 2 英里的地方抛锚休息。

雨下了整整一夜，第二天早上，像前一天一样，他们继续在险滩上用纤绳拉船。早上 7 点，他们在德乌卡对面，弗吕格先生的棉花种植园附近抛锚。早餐期间，可以看到大批原住民成群结队地涌入村庄，有些人带着弓箭，有些人拿着长矛或棍棒，但大多数人都手拿步枪。冲突发生后，很多定居者后来在雷瓦听说，这些原住民都是从 50 英里外的地方赶来支援玛蒂亚洛博部落的，还有另外三个部落的村民埋伏在村子周围茂密的灌木丛中。

10 点钟时，一切准备就绪，为了避免发生袭击，即便当时已经箭在弦上，领事先生还是先派了两位定居者，精通当地语言的巴斯先生和斯坦利先生，和从瓦利亚带来的那位友善的当地人一起，去向德乌卡酋长保证，尽管他们的部落对附近的白人定居者采取了不公正、不友善的行为，但是出动舰队只是想告诫他们，如果能够实现和解，领事和舰队的大领导（布朗里格船长）希望他们保证今后能够与白人定居者和平共处。如果他们愿意在岸边或者是村子里，与他们进行类似的协商或谈判，他们会非常高兴。先遣谈判代表们很快就回来了，最终带的答案是，他们从来不怕任何舰队，更不怕他们的酋长，他们只是希望能像从前一样继续生活，如果那些人（舰队）不尽快离开这里的话，后果将不堪设想。

代表们刚刚翻译完这个信息，一位可怜的定居者（克雷尔曼先生）——两天前在河对岸被射两枪——因伤势过重而死亡。一颗子弹击中他的左臂，另一颗子弹射中他的左耳下方，（令人惊奇的是）击穿颈部的肌肉后又击穿了嘴巴。

布朗里格船长发现这些野蛮人有意作恶，顺便说一句，因为船长一直以来冷静、审慎的行事方式，他已经获得了雷瓦白人定居者们的支持和祝福，于是下令在他们头顶上方发射一枚炮弹，给对方一个教训。然而出乎意料的是，他们似乎毫不在意，再次向对岸的定居者和船员开火。

船长随即下令炮击小镇，将近一个小时后，除了一两处小火之外，没见到大范围燃烧的明火。连绵不断的雨水已经完全浸湿了稻草，除了登陆别无选择。于是随即组建了登陆小分队——水兵携带点火装置，海军陆战队被派往山顶，以防止任何试图切断舰队撤退的企图。

陡峭河岸上的狭窄小路是从雷瓦河进入村庄的唯一入口。

村子周围有一条很深的沟，底部布满了尖耸的竹竿，非常危险。唯一能穿越的途径就是一棵椰子树，它被架在那里当桥用。在布朗里格船长的带领下，队伍安全通过。

十分钟后，村里的所有房屋都着火了。当地人已经不见踪影，但此时他们并不是在无聊闲逛，有五六百人已经爬过茂密的芦苇荡和香蕉林，悄悄来到岸边，等待舰队船员回到那艘由军官和坚决果敢的水手掌管的船上。

熊熊燃烧的火焰腾空而起，霎时间响起震天动地的巨响——藏在密林中的原住民疯狂地冲了出来，向围攻者开火。激烈的交火持续了一段时间后，食人族被击退，损失惨重。终于，交火暂时平息，小镇上已是火光四起，士兵们返回舰队。然而他们刚上船，成群的野人又穿过芦苇、长草和灌木丛蜂拥来到岸边，从四面八方向舰队射击，子弹就像冰雹一样坠落河中。在这场交战中，一名皇家海军陆战队炮兵的两肺都被击中。五六名水手受轻伤，许多人的衣服上布满弹眼。

伤员被抬上岸后送到对岸的一间临时营房。原住民又威胁要袭击下方的种植园，于是艾雷中尉带领海军陆战队登陆并赶赴那里，保护定居者安全地乘坐他们的船离开。整个过程只用了几分钟，海军陆战队快速撤离。舰队随后顺河而下，可是没过多久，船上搭载的中型舰不得不着陆作战，因为当地人又开始射击了，尽管这次火力很强，但幸运的是并没有造成更大的伤亡。

据说敌方伤亡惨重，大约 44 人死亡，大量人员受伤。后来听说，他们的伤亡人数远超于此，几位大酋长也在冲突中阵亡。

《澳大利亚新闻画报》报道称，雷瓦的卫斯理教会传教士法伊森先生带雷瓦区法官拉图·拿破仑，和瓦利亚部落权势最大的首领之一，去见准将和瑟斯顿先生。这段远征的历史与他们休戚相关。随后，瓦利亚酋长承诺，他将保护在他的领域以及雷瓦河下游地区生活的定居者。

　　毫无疑问，他会把战舰上的大炮和众多士兵的故事带回玛蒂亚洛博。既然他们已经意识到舰队可以举兵至此，今后一定会更友善地对待定居者。[1]

[1]　原注：《与斐济恩杜卡的原住民部落交火，7月29日》，《澳大利亚新闻画报》，1868年10月12日，第8页。

英国皇家舰队"挑战者"号和玛蒂亚洛博部落的冲突

布朗里格中校收到来自兰伯特准将关于英国皇家舰队"挑战者"号的命令：

1868 年 7 月 26 日，星期日，雷瓦河附近

控制所有雷瓦河上行进的船只。要严守纪律，需谨慎对待武力带来的道德影响。不允许在德乌卡以外的地区登陆，更不允许在那里做不必要的停留。周四晚上或周五早上必须返回舰队。

1868 年 8 月 3 日，星期一，雷瓦河附近

批准舰队继续向雷瓦河上游行进。希望布朗里格中校向所有参战官兵传达，兰伯特准将对所有官兵取得的战绩表示满意。①

1868 年 7 月 29 日，皇家领事瑟斯顿先生和塔坎巴乌国王

———————

① 原注：节选自《"挑战者"号 1867 年 10 月 14 日至 1868 年 11 月 15 日航海日志》，（AJCP）M2518，舰队航海记录，新南威尔士州立图书馆收藏。

下令，要求"挑战者"号舰队介入解决德乌卡一个斐济原住民部落的冲突。有人因为土地交易发生争执。一位西方买主认为，他对购买的种植园享有永久产权，而当一位当地酋长决定要把他的部落搬到这个种植园时，这位买主进行了反击。这位酋长要不就是故意无视，要不就是误解了由塔坎巴乌国王和他的酋长委员会批准通过的西方买卖协议。

威廉·加法叶乘坐"挑战者"号舰队船逆河而上，记录了这次惨烈的交战。他的绘画作品描绘了笼罩在战火中的村庄，后被 F.C. 特里制作为版画，同下边这篇报纸文章一起发表在 1868 年 10 月 3 日星期六出版的《悉尼新闻画报》上。

斐济约瑟夫·塞卢亚王子

1872 年，塔坎巴乌国王的儿子约瑟夫·塞卢亚王子进入位于悉尼的纽因顿学院学习。跟他一起来的，还有两名随从和带有舷外托架的斐济独木舟，这样他便能泛舟帕拉玛塔河。在该学校纪念 75 周年校庆的杂志《纽因顿人》中，收录了一篇关于塞卢亚的文章，文章的作者是位曾与他一起上学的校友。作者回顾了约瑟夫的父亲（塔坎巴乌国王）曾试图说服新南威尔士州州长，赫拉克勒斯·罗宾逊爵士，英国政府现在应当接管斐济群岛。他还把塞卢亚与席卷斐济的麻疹疫情联系在一起：

> 约瑟夫王子在他威严的父亲抵达悉尼前就患上了麻疹，原本以为他在学校期间已经康复，于是风风光光地和国王乘坐英国炮艇回斐济。然而不幸的是，他当时还是"病毒携带者"，或者是高危传染源，因为当他回到斐济后，当地超过三分之一的人口死于麻疹。[1]

在来澳大利亚第一年的 4 月，他（塞卢亚）参加了一次野

---

[1] 原注："河流上游"，《纽因顿人》，1936 年 7 月 12 日。

斐济王子约瑟夫·塞卢亚（1855—1886），摄影师
巴乌国王瑟鲁·埃潘尼萨·塔坎巴乌最小的儿子，约 1870 年，F.C. 达夫提

餐，为被任命为斐济首席大法官的查尔斯·圣朱利安践行。

在答谢祝酒词中，17岁的塞卢亚用斐济语说："感谢你们
如此热情地喝下这杯酒。我不擅长发言，所以请大家原谅我笨
嘴拙舌。我来自一个曾经非常黑暗的国度——那里生活着残忍
的食人族，但是基督教把我们从堕落的边缘拯救出来，现在我
们都是基督教信徒。我们现在开始尝试在我们的国度建立法律
和秩序，希望你们能帮助我们。我们迫切地希望能够建立法律，
在你们的帮助下，这个愿望才能实现。我们希望能够像这里一
样治理斐济。我目前已经来到白人的国家，在纽因顿学院接受
教育。我渴望接受教育。在座的你们出生在光明中，而我出生
在黑暗中。你们出生在信仰基督教的国家，而我出生在一个蛮
夷之地。我希望在这里接受教育后，能够回到我自己的国家为
政府效力。再次衷心感谢大家为了斐济的繁荣干杯。"①

---

① 原注："查尔斯·圣朱利安先生的践行野餐"，《悉尼先驱晨报》，
1872年4月22日，第3页。

附录 托马斯·贝克牧师的悲惨结局

1867 年，传教士被斐济食人族杀害
昨天，他们的后人负荆请罪

昨天，一群身穿草裙、手持棍棒、眼含泪水的斐济勇士向英国传教士的后人负荆请罪，因为一个多世纪前他们的先人杀害了那位传教士。

在这场精心策划的仪式上，村民们给 10 位托马斯·贝克牧师的澳大利亚亲属赠送了手工编织垫，十几块非常珍贵的鲸鱼牙齿和一头被宰杀的牛。贝克牧师于 1867 年 7 月在斐济崎岖的山区传教时，被当地人杀害。

七名改信基督教的斐济人，当时正在帮助这位 35 岁的传教士进入维提岛的山区腹地，也被棍棒打死，他们的尸体被平铺在岩石上。

传说贝克先生是卫理公会牧师，出生于萨塞克斯郡的普拉登。他被杀是因为触犯了当地的禁忌——从酋长的头发上取下一把梳子。他根本没有意识到，在斐济，任何人绝不能触碰酋长的头。

但历史学家说，真正的原因是当地人对传播基督教的抵制以及复杂的部落政治斗争。贝克先生成了唯一在斐济被杀害的白人，这里是前英国殖民地，曾被称为食人岛。

事发当天清晨，贝克牧师和他的手下在离开村庄时遭到伏击。据唯一的幸存者，一名斐济向导说，贝克先生已经觉察到危险，对同行的人说："孩子们，他们今天可能会杀我们，赶紧离开这里。"

昨天的仪式持续了六个小时，在努布托塔部落举行，这里四周被丛林覆盖的山脊和黑色火山岩环绕。当地人哀求贝克牧师的后人原谅，并帮助他们解除诅咒，他们认为这个诅咒已经毁了他们的生活。

抹掉眼泪，当地部落的酋长，菲利莫内·纳瓦巴拉武向贝克先生的曾曾孙、56岁的莱斯·莱斯特赠送礼物并亲吻他的脸颊。在面对数百名村民的讲话中，这位来自澳大利亚昆士兰班达伯格种植园的经理，莱斯特先生说："过去已是过去，我们需要走向未来。我已感觉到托马斯·贝克的灵魂此时已得到安息。"

当滚滚雷声从远处传来，莱斯特先生又说："也许这即将到来的大雨预示着一个崭新的开始。"

这个部落唯一通往外部世界的道路是最近修建的一条伐木栈道，最近因为频繁的热带暴风雨，道路变成泥泞的沼泽。

他们没有任何交通工具。

努布托塔村没有诊所，没有电，也没有电话，孩子们必须步行 15 英里才能到达最近的中学，寄宿一周后，周末再步行回家。

很多斐济人从遥远的村庄徒步跋涉或骑马赶来，见证这场宽恕仪式。斐济总理莱塞尼亚·恩加拉塞乘直升机赶来，也参加了仪式。炽烈的热带阳光下，一边是光着膀子的男人们击掌唱歌，一边是用来招待游客的被棕榈叶包裹的烤乳猪。

恩加拉塞总理说："那场悲剧是一场文明的冲突。棍棒和旧神灵仍然统治着这里。那些杀害贝克牧师的首领和信徒们认为，因为原有的生活方式受到威胁，他们在进行自我防卫。"

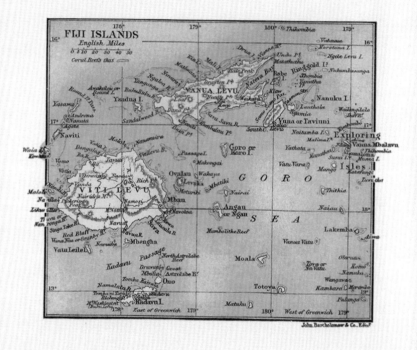

斐济群岛地图，1904 年

第三章
灵感与植物园

早期记忆

1845 年，时任菲利浦区港口主管，后任维多利亚州副州长的查尔斯·约瑟夫·乐卓博为墨尔本植物园预留了土地。第二年，皇家植物园建成。坐落在雅拉河畔绿树成荫的植物园，一侧是悬崖峭壁，游客可以从墨尔本城出发步行或乘船前往。

植物园第一任园长，约翰·亚瑟为了取悦民众，种植了一片养护得当、精心修剪的草坪，人们可以在上面漫步，欣赏花卉展览和新种植的榆树。第二任园长是约翰·达拉奇，主持策划了 1851 年 9 月的维多利亚园艺协会展览。这是一场精心安排的盛会，有乐队、鲜花、水果、蔬菜和葡萄酒。

墨尔本的欧洲移民抱怨他们的新环境单调乏味，渴望看到跟他们以前的家乡一样的花草树木。他们希望能在绿茵茵

Botanical Gardens,

ourne.

墨尔本政府总督府的著名景观
著名的分离树，标志着 1850 年
维多利亚州从新南威尔士州独立，
位于狮子树旁边（上图右侧）
明信片，皇家植物园，墨尔本

查尔斯·约瑟夫·乐卓博34岁肖像，威
廉·布罗克顿绘，1835年
查尔斯·约瑟夫·乐卓博批准墨尔本皇家植
物园用地，时任菲利浦区港口主管，后任维
多利亚州副州长。

王子大桥开放时的景观，1850年11月
15日，星期五，墨尔本，纪念维多利亚州
从新南威尔士州分离独立，H.纳什绘制的石
版画，1850年
经乐卓博阁下允许，友情提供。
鲍伯尼先生的木桥仍健在，河流下游方向的
十字交叉柱是固定平底船船锚的地方。

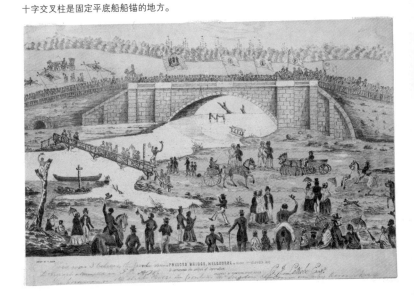

的草坪上漫步，欣赏河岸边绽放的花朵，再次看到随季节变化的树木，而植物园恰好满足了这些需求。植物园已经成为早期定居者生活中不可或缺的一部分，1851年菲利普港区从新南威尔士州独立出来，变为维多利亚州，殖民地时的官方活动，也被指定在这里举行。在霍尔先生的萨克斯—霍恩乐队的带领下，参与游行的人从新王子大桥进入植物园。正式的独立仪式在湖边的老赤桉树下举行。

事实证明，在澳大利亚的气候条件下种植欧洲的外来植物非常困难。早期任职的园长没有铺设正规的供水系统，除了靠雨水灌溉外，还从雅拉河引水。1856年，建筑师、植物园委员会秘书亨利·吉恩在设计的一份花园规划中写道，幼苗或精选植物被放置在几英尺宽的深沟中灌溉。这些早期采用的措施既耗时又不切实际。罗汉·兰姆在《墨尔本的骄傲与荣耀：英国皇家植物园150周年纪实》中的文章《压力之下》写道：

植物园建于雅拉河畔，这意味着从雅拉河引水灌溉易如反掌，几乎可以用手从雅拉河取水。雇用"孤儿"用拉水车给幼苗浇水，是当时弥补降雨不足的唯一方法。早在 1850 年至 1851 年的夏天，人们就发现，升级供水系统迫在眉睫。[1]

环境保护景观设计师帕梅拉·杰利也提到这个困扰多年的问题，而不稳定的水压和墨尔本不断增长的人口需求使该问题愈加严重。

在植物园建成后的五十年间，缺少稳定的供水系统始终是一个令人困扰的问题。从 1860 年开始，米勒依靠水箱和蓄水池为植物园收集雨水，直到 1864 年，严延通过安德森街直径 75 毫米的铁管，成功接通供水管道。然而，该供水系统很不稳定，1868 年穆勒发现，水压只有在凌晨 3 点到 5 点才充足，因此仍然需要水箱和蓄水池（1873 年，政府限制用水，

---

[1]　原注：《维多利亚历史期刊》，第 66 页。

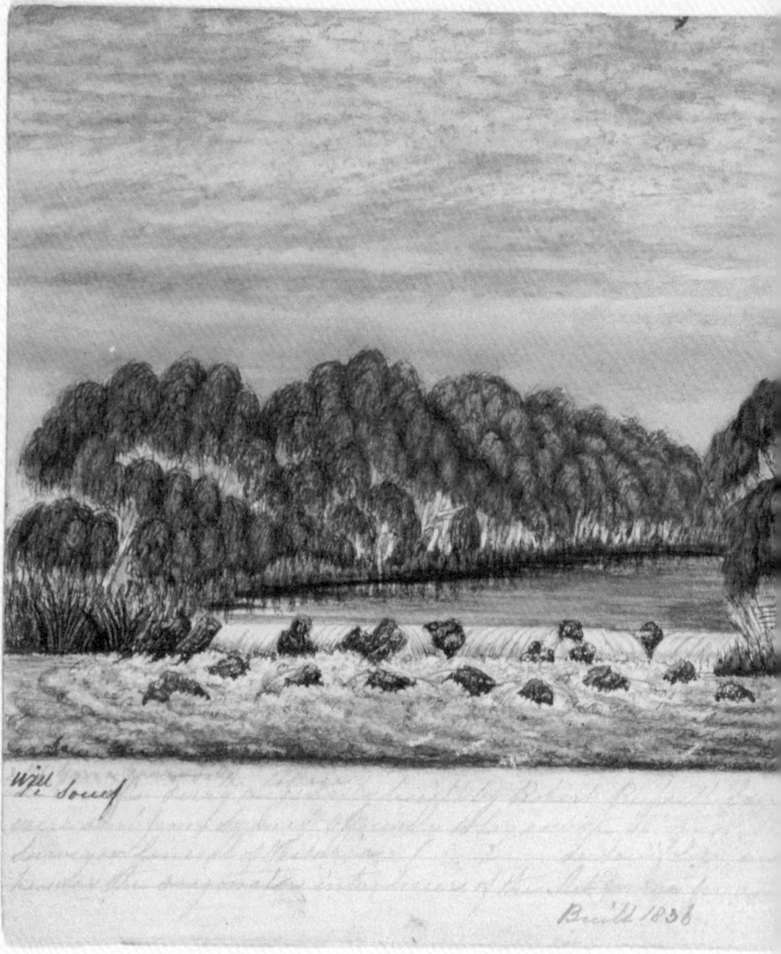

Wm Souef

[illegible]

Built 1836

《瀑布》，W.F.E. 利阿德特绘，
1840 年
"瀑布"由岩石和硬黏土礁形成，
位于雅拉河下游，今天的皇后大
桥附近。1833 年至 1889 年，石
块被陆续搬走，导致河水的盐度
上升，不适于灌溉。

《储水车》，爱德华·乐卓
博·贝特曼绘，约 1853 年

《墨尔本植物园风光》，弗雷德里克·格罗斯绘，1865 年

加法叶天生具有解决问题的能力和天赋。为了把植物园里的几棵大树搬到王子桥附近环礁湖的小岛上，他向维多利亚军营寻求帮助："旅长慷慨相助，用军用浮桥把树木等运送到小岛进行移植，对此表示万分感谢，如果没有军用浮桥，我们根本不可能将体型如此巨大的树木通过水运送达目的地。"

节选自《年度报告》，植物园和领城花园园长，1874 年 5 月 23 日，第 9 页大量用水被引流到墨尔本新开发的郊区）。于是安装了一台蒸汽发动机从雅拉河抽水，1876 年在毗邻安德森街的植物园最高处修建了一座新水库，借助重力进行灌溉。圆形水库四周的陡壁点缀着玄武岩。遗憾的是，因为供水管道数量不足，这座水库未能解决灌溉问题。1876 年，加法叶汇报说，由于雅拉河水现在盐度过高（由雅拉河位于皇后街段的石块被移除导致，详见图注《瀑布》），植物园居民不得不依靠水箱供水……1890 年，迪茨瀑布抽水站的水被引入植物园并储存在蓄水池中，然后通过直径 400 毫米的主管道进行灌溉，这也是植物园在接下来的 60 年中使用的主要供水来源。[1]

冯·穆勒博士于 1857 年被任命为植物园园长，他没有像前任园长那样只钟情于园艺展示，而是建立了百鸟园和动物园，专注于开发一个植物园体系，展示植物分类的原则。他发起了一项计划，旨在引进、驯化具有潜在经济价值的植物，

[1] 原注：杰利著，第 20–21 页。

费迪南德·冯·穆勒男爵，维多利亚殖民
地政府植物学家（1852—1896），墨尔本
植物园园长（1857—1873）

同时也成为一位多产的通讯作者，鼓励更多人和他一起，在已知和未知领域探索新物种。

当发现由于水压波动，导致他在1865年建造的一座新式喷泉的功能被破坏时，他感到非常失望。他曾竭尽全力，希望这个喷泉能给湖中的岛屿增光添彩。因为花岗岩巨石太重，无法用平底船运输，他就把锡罐漆成了石头的样子代替花岗岩，所以喷泉会发出叮叮当当的声音。因为墨尔本的污水被收集进这些单独的金属容器中，他的喷泉成为被人们冷嘲热讽的对象。

尽管在研究方面才华横溢、工作勤奋，而且制作出了世界级的植物标本，但穆勒缺乏园艺经验，也没有满足移民们对彩色花坛和绿色草坪的需求。

著名作家安东尼·特罗洛普在1870年参观了植物园，认为这里平庸无奇：

墨尔本植物园更注重科学性，但是这个世界上大多数人并不关心科学。在悉尼，公共花园像诗歌一样让人着迷。在阿德莱德，花园像娓娓道来的故事一样触动人心。而墨尔本的花园，就像是一位伟大神灵的长篇布道——其中的神学要义令人不明就里，语言冗长乏味。[①]

这些诙谐却刻薄的话语一定让调查委员会成员感到沮丧，该调查委员会成立于 1871 年，专门调查研究领地花园和植物园的外观。他们的报告写道：

这样的植物园不应该只强调"科学性"这一个目标——它还应该成为整个殖民地学习园艺、树木栽培、花卉栽培和景观园艺的绝佳场所，更应该是将精心种植、科学规划、艺术精湛巧妙地运用于美化自然的典型范本。[②]

---

① 原注：特罗洛普著，第 180 页。
② 原注：杰利著，第 12 页。

加法叶的灵感来源

显然有必要任命一位新园长。威廉·罗伯特·加法叶似乎完全符合标准，于是，他在1873年7月被任命为植物园、总督府保护区和领地花园的临时园长。此间，他完成了一项异常艰巨的任务，成功地将艺术巧妙地应用于自然，并以最完美的形式进行了园林绿化。除此之外，他还拓展了科学的植物分类，展示出良好的研究、教育和园艺实践能力。

在《威廉·罗伯特·加法叶1840—1912》（1974）的序言中，墨尔本大学的约瑟夫·伯克教授把加法叶展现的艺术天赋与古罗马法官小普林尼的相提并论，小普林尼曾把他美轮美奂的托斯卡纳别墅花园描述为，"它不是真实存在的，而是一幅精美绝伦、栩栩如生的风景画"。①

---

① 原注：伯克。

这幅原版水彩画名为《湖水》，展现了威廉·加法叶巧妙运用比例、透视技巧，设计海岬时运用对称美学的能力。

BOTANIC GARDENS, 1909,

SHOWING ALTERATIONS AND ADDITIONS EFFECTED SINCE 1873.

BY W. R. GUILFOYLE, DIRECTOR. (A) to (H) SHOW ENTRANCE GATES.

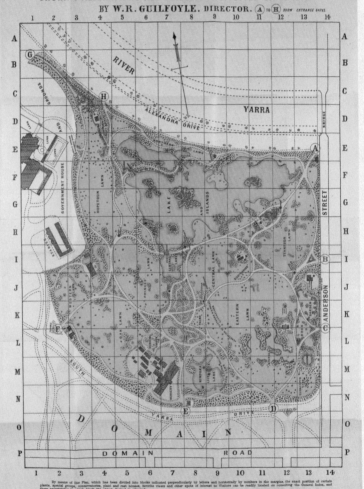

By means of this Plan, which has been divided into blocks indicated perpendicularly by letters and horizontally by numbers in the margins, the exact position of certain plants, special groups, conservatories, plant and rest houses, favorite views and other spots of interest to Visitors can be readily located on consulting the General Index, and there ascertaining in which block the object desired is situated.

加法叶的艺术禀赋让他能够自如地用树木点亮风景。在种植之前，他先绘制远景和全景的平衡投影图，使树木的质地和颜色与四季变化相得益彰。

加法叶的草坪，通常由宽阔的道路进入，向中央岛屿湖泊系统倾斜延伸。草坪的坡度和植物群可以确保，当人们从一条小路或从草坪看过去，不是看见另一条环绕的小路，而是看见倒映在湖面上的不断变化的树叶颜色。

从高处鸟瞰时，可以发现整个景观的四周由精心挑选的树木组成，这些树木通常种植在不规则的岬角上。正是这一景观，以及加法叶对植物园的塑造，使他获得了"园林大师"

◀从加法叶原始计划中的细节，可以清楚地捕捉到他对这座火山的愿景——既作为一个蓄水池，也作为他景观设计的一部分，周围的草坪经过"岛丘"向莉莉·藩斯湖延伸。

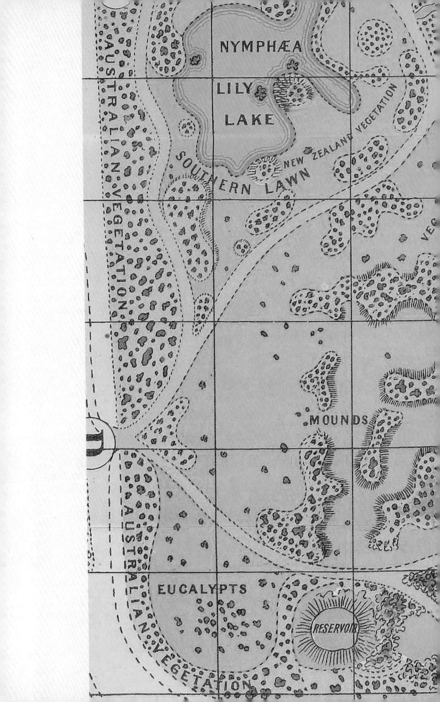

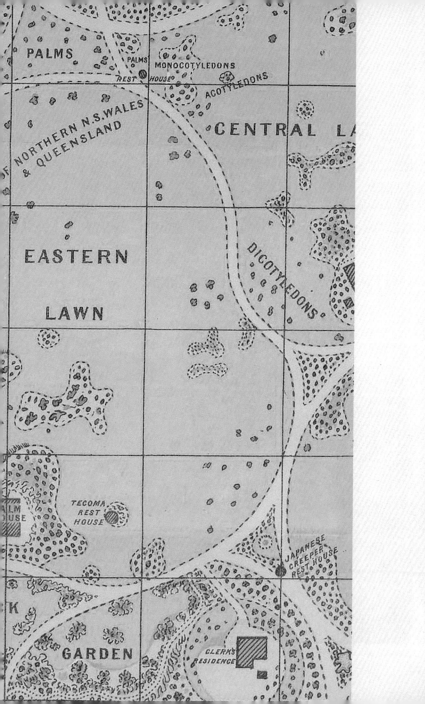

瓦努阿图塔纳岛上的亚苏尔山火山，是加法叶"火山"水库的灵感来源。

的美誉。[1]

在"挑战者"号的舰艇上，加法叶第一次开始思考、分析整体景观设计中的颜色和图案组合安排。他对斐济雷瓦山谷的热带树叶印象深刻，写道：

猩红色花朵在大片的金黄色干枯叶片的映衬下，显得更加艳丽。还有黄槿的花朵，在红厚壳属、玉蕊属和栗檀属植物墨绿色叶片的陪衬下，更显动人。无患子属火红的嫩枝像是伸向远处的花剑，在芭蕉草绿色的大型叶片——只要没被海风破坏，绝对是最美丽的热带植物叶片——以及橘黄色的累累果实的映衬下，显得越发迷人。远方墨绿色夹杂着紫色的重峦叠嶂，把原本就五彩缤纷的景象映衬得更加斑斓绚丽。还有比这更美的风景吗？[2]

---

① 原注：维多利亚州皇家植物园，《我们的故事》。
② 原注：加法叶著，1869 年，第 126 页。

非同寻常的蓄水池

受到"挑战者"号塔纳岛亚苏尔山之旅的启发，加法叶决定对植物园的蓄水库进行美化改造，使其成为植物园的特色。这座建筑建于 1876 年，是与他为东部草坪的设计不可分割的一部分。加法叶当初的《1909 年 2 号植物园平面图》（见第 148–149 页）中的一个细节可以清楚地捕捉到他对这座火山的愿景——既作为一个蓄水池，也作为他景观设计的一部分，周围的草坪经过"岛丘"向莉莉·藩斯湖延伸。这些岛丘能够为游客提供有趣的小憩场所，也能为新种植的树木和植物提供丰富的表层土和覆盖物。

加法叶对这个项目的热情可以从他 1876 年的年度报告中得到充分证明：

翻修后的火山水库航拍照片，
维多利亚皇家植物园，约 2012 年

从火山顶俯瞰

火山上的花坛

在这里，新水库的溢流被创造性地变为一条涓涓细流，蜿蜒流过铺满卵石的蕨类植物弗恩溪谷河床。这样美丽的溪流景观和潺潺水声与周围的环境浑然一体，相得益彰，为该景点平添几分自然的野趣。在溪谷附近的野牛草草坪上还建造了一座假山。大大小小的蕨类植物生长出茂密的叶片，在夏天，这里凉爽、幽静的树荫深受游客们的喜爱。[①]

如今，加法叶史无前例的设计已被赋予了当代风格，花坛和彩色的人行道从火山口倾泻而出，火山玄武岩散落其中。

包括优化植物选种、适应当地气候条件等在内的节水战略和新技术，有助于更好地利用环境资源，实现未来的可持续发展。每年，人们会从花园附近的地区收集大约 60 兆升的雨水，这些雨水进入两个地下污水井后，通过水泵和重力作用流入湿地和奥内曼托湖的浮岛。

---

① 原注：加法叶著，1876 年，第 13 页，维多利亚州皇家植物园，2015 年。

园丁清除奥内曼托湖的绿萍

然后，湖水再以每秒 30 升的速度通过地下管道泵送至加法叶火山，在重力的作用下，被重新引回下游的湖泊和湿地。72 小时间，莉莉·藩斯湖、蕨类植物弗恩溪谷、中央湖和奥内曼托湖的湖水进行全回流循环，可以降低湖水温度，帮助提升水中的氧气含量。

在水库水质营养的环境中，喜水植物生长繁茂，大量根部倒挂在"植物岛"下，像窗帘一样。这些"漂浮岛"提供了智慧的水质净化方案。这些根部覆盖着微生物的生物膜，其活动有助于去除水中的磷和氮等过量营养物质，有助于净化湖水。"漂浮岛"还有助于减少水库的水分蒸发，从而改善水质，抑制藻类生长。

维多利亚皇家植物园

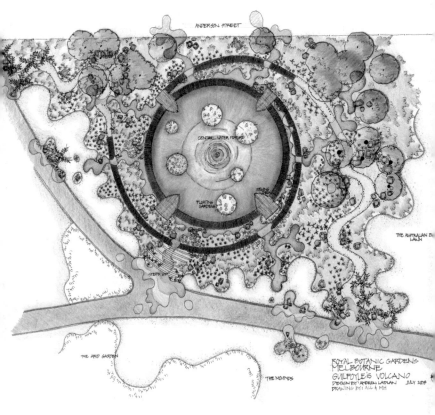

ANDERSON STREET

CENTRAL WATER FEATURE

FLOATING GARDENS

THE ARID GARDEN

THE MOUNDS

THE AUSTRALIAN DRY LAWN

ROYAL BOTANIC GARDENS
MELBOURNE
GUILFOYLE'S VOLCANO
DESIGN BY: ANDREW LAIDLAN   JULY 2008
DRAWING BY: AGL & MH

俯视火山和岛丘

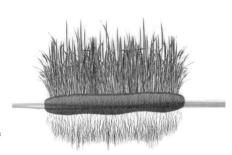

奥内曼托湖浮岛的横截面，安
德鲁·莱德劳设计，2008 年

编后记：英国皇家舰队"挑战者"号

作为澳大利亚站的旗舰战舰，完成 1868 年在南太平洋诸岛的巡游后，英国皇家舰队"挑战者"号返回英国。它被伦敦皇家学会遴选完成世界上第一个全球海洋研究探险的任务。

"挑战者"号的探险为今天被称为海洋学和海洋生态学的学科奠定了基础，为了延续这伟大的科学之旅的传统，查尔斯·达尔文加入了英国皇家"贝格尔"号（也叫"小猎犬"号）的航行，托马斯·亨利·赫胥黎则加入"响尾蛇"号的旅程。

"挑战者"号配备有自然历史和化学实验室，以及一个特殊的疏浚平台。还配有样本保存罐，用于保存样本的酒精、显微镜和化学仪器，它还载有拖网和疏浚设备、温度计、水样瓶、测深导线以及用于将设备悬挂在海洋中的超级长绳。

英国皇家学会为这次航行确定了四个主要科学目标：

·调查包括深度、温度、循环、比重和光的穿透力等在内的大洋洲盆地深海的物理条件（远至南部大冰障附近）。

·测定从表面到底部不同深度的海水化学成分、溶液中的有机物和悬浮颗粒。

·确定深海沉积物的物理和化学特征，以及这些沉积物的来源。

·调查不同深度以及深海海床上的有机生物的分布。

科学环球巡航历时三年半，由乔治·纳雷斯担任船长，

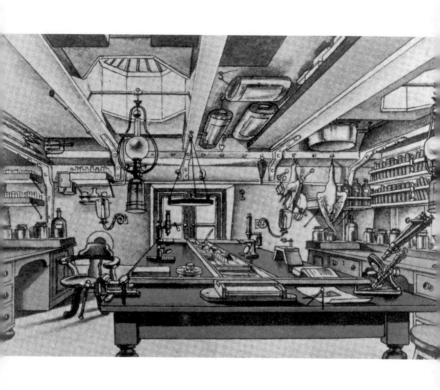

英国皇家舰队"挑战者"号主甲板上的动
物学实验室

英国皇家舰队"挑战者"号及工作中的船员，约 1874 年

英国皇家舰队"挑战者"号和英国皇家
舰队"加拉蒂亚"号,在阿尔弗雷德王
子,爱丁堡公爵1868年访问澳大利亚期
间,在悉尼港抛锚,约翰·巴斯托克绘,
1988年

于1872年12月21日从英国朴次茅斯启航，共有243名军官、科学家和船员。探险队穿越了近70000海里（130000公里），测量并探索了全球水域，到访范围遍布南极海洋到赤道地区。

太平洋西南部关岛和帕劳之间的区域为海洋最深处，最先认识到这一点并将之传达给世人的，正是"挑战者"号的船员们，为此，后来人们将此处海域命名为挑战者深海。①

_____

① 　原注：由包括科菲尔德在内的多人提供的信息汇编而成。关于景观、植物学，以及所见之人和各种文化的记述，可另见莫里斯的著述。

致　谢

我们要感谢皇家植物园、维多利亚图书馆和维多利亚国家植物标本馆的工作人员。特别感谢莎莉·斯图尔特、罗杰·斯宾塞、安德鲁·莱德劳的无私帮助。同时感谢维多利亚州立图书馆，允许我们复印加法叶收录于《英国及外国植物学杂志》的《南太平洋群岛的植物学之旅》。还要感谢约翰·库德莫尔，DatacomIT 公司和杰玛·菲尔德，他们在这项工作的早期阶段给予了我们大力协助。还感谢纽因顿学院的大卫·罗伯茨，为我们提供了关于约瑟夫·塞卢亚王子的信息,感谢珍妮·哈佩尔,提供加法叶风庙的封面明信片。我们也非常感谢菲利普·摩尔、路易斯·斯特林、萨利·希斯、MUP 的工作人员,以及佩奇·阿莫尔和哈米什·弗里曼。

Tropical Vegetation, Botanical Gardens, Melbourne

热带植被，植物园，墨尔本，明信片

图书在版编目（CIP）数据

岛屿：南太平洋的植物探险 / (澳) 威廉·罗伯特·加法叶著；(澳) 戴安娜·艾弗林·希尔，
(澳) 埃德米·海伦·加德摩尔编；苏日娜译；李尧校译. 一北京：中国工人出版社，2022.8
书名原文: Mr Guilfoyle's South Sea Islands Adventure on H.M.S. Challenger
ISBN 978-7-5008-7966-4

Ⅰ.①岛… Ⅱ.①威… ②戴… ③埃… ④苏… Ⅲ.①太平洋岛屿－植物－科学考察
Ⅳ.①Q948.51

中国版本图书馆CIP数据核字（2022）第155795号

著作权合同登记号　图字：01-2020-4173
Text © Diana E. Hill and Edmée H. Cudmore
Design and typography © Melbourne University Publishing Limited
First published by Melbourne University Publishing Limited

The simplified Chinese translation rights arranged through Rightol Media
（本书中文简体版权经由锐拓传媒取得 Email:copyright@rightol.com）

岛屿：南太平洋的植物探险

出 版 人　董　宽
责 任 编 辑　宋　杨　李　骁
责 任 校 对　丁洋洋
责 任 印 制　黄　丽
出 版 发 行　中国工人出版社
地　　　址　北京市东城区鼓楼外大街45号　邮编：100120
网　　　址　http://www.wp-china.com
电　　　话　（010）62005043（总编室）
　　　　　　（010）62005039（印制管理中心）
　　　　　　（010）62379038（社科文艺分社）
发 行 热 线　（010）82029051　62383056
经　　　销　各地书店
印　　　刷　北京市密东印刷有限公司
开　　　本　880毫米×1230毫米　1/32
印　　　张　6.25
字　　　数　100千字
版　　　次　2022年10月第1版　2022年10月第1次印刷
定　　　价　68.00元